我来到丛林中，因为我就是想要这样去生活，

去面对生活的基本事实，并看看我是否真的无法学习到它想教导我的，

而非当死亡来临之际，才发现自己还没有真正活过。

——亨利·戴维·梭罗，《瓦尔登湖》

Meditation Is Not What You Think

Mindfulness and Why It Is So Important

正念地活

拥抱当下的力量

[美] 乔恩·卡巴金（Jon Kabat-Zinn） 著

[美] 童慧琦 顾洁 译

机械工业出版社
CHINA MACHINE PRESS

北京市版权局著作权合同登记　图字：01-2022-2755 号。

图书在版编目（CIP）数据

正念地活：拥抱当下的力量 /（美）乔恩·卡巴金（Jon Kabat-Zinn）著;（美）童慧琦，顾洁译 .—北京：机械工业出版社，2024.1
书名原文：Meditation Is Not What You Think: Mindfulness and Why It Is So Important
ISBN 978-7-111-75157-1

Ⅰ.①正…　Ⅱ.①乔…②童…③顾…　Ⅲ.①人生哲学—通俗读物　Ⅳ.① B821-49

中国国家版本馆 CIP 数据核字（2024）第 039440 号

机械工业出版社（北京市百万庄大街 22 号　邮政编码 100037）
策划编辑：欧阳智　　　责任编辑：欧阳智
责任校对：肖　琳　李小宝　　　责任印制：张　博
北京联兴盛业印刷股份有限公司印刷

2024 年 5 月第 1 版第 1 次印刷
130mm×185mm・8.75 印张・2 插页・144 千字
标准书号：ISBN 978-7-111-75157-1
定价：65.00 元

电话服务
客服电话：010-88361066
010-88379833
010-68326294
封底无防伪标均为盗版

网络服务
机　工　官　网：www.cmpbook.com
机　工　官　博：weibo.com/cmp1952
金　书　网：www.golden-book.com
机工教育服务网：www.cmpedu.com

前言

冥想究竟是什么

对于那些自以为知道什么是冥想的人来说，冥想并没有什么不同寻常的地方，尤其它在当前已经成了大众语汇的一部分，有很多与之相关的图画、冥想引导语和播客，还有以冥想为主题的网络峰会。同样地，实际上对于冥想是什么以及它能够为我们做些什么，大多数人所持的观点都相当狭隘或不完整，这不足为奇。我们很容易陷入那些成见，譬如认为冥想只限于在地板上打坐，用来扫除头脑里的所有想法；或者我们必须长时间地练习，必须经常练习，才能够使它产生积极的效用；又或者它不可避免地需要与古老传统中的某种特定的信仰系统或精神框架联结。人们也可能会认为冥想对我们的身心灵有着近乎魔法般的助益。虽然这些想法都包含了部分真相，但事实并非如此。现实要有趣得多。

那么冥想究竟是什么呢？为什么哪怕只是尝试把它带入你的生活也会是很有意义的呢？这正是本书的主题。

《正念地活》(*Meditation Is Not What You Think*)的原版于2005年出版，是更宏大的著作《正念的感官觉醒》(*Coming to Our Senses*：*Healing Ourselves and the World Through Mindfulness*)的一部分。自此书初次出版以来，正念在很大程度上已经不可思议地进入了主流。全球数以百万计的人已经在他们的日常生活中开始了某种正式的冥想练习。这种非常积极和充满前景的发展，是我所一直期待的，同时也是我努力和其他很多人一起助力催发的。随着正念进入主流，不可避免地会出现一定程度的大肆宣传、商业炒作、机会主义，也出现了一些自称教正念的导师，而这些导师几乎没有相关背景或受过有关正念的训练。虽然我希望这种现象只是暂时的，并会得到遏制，但从某种角度来说，即便是炒作，也可以被看作一种正念的“成功”。正念作为一种修行，有着重要的疗愈和转化的力量。这种与体验本身共处的方式，正越发广泛地被理解和应用。

虽然冥想不再只囿于在地板上或者在椅子上静坐，但同时在字面意义上和象征意义上“坐下”是正念的一个重要因素。本质上，正念是一个非常直接和方便的方式，它有助于我们培育与逐渐展开的生活之间的亲密感，培育内在觉知的能力——以认识到事实上觉知是多么有价值，同时觉知又是多么容易被忽略和低估。

与生命的爱恋

在生命中寻找到自己的安坐之处，这一行为也可以被看作选择了某种特定的立场。这种貌似平常的行为本身就是人类智慧的深刻表达。从根本上来说，它是一种理智和爱的“激进”行动——停下所有裹挟我们的活动，因为当生命流经我们的时候，它们无法让我们真正地安坐其中。这种理智和爱的“激进”行动可以让我们真正地沉浸于存在中，哪怕只是一个稍纵即逝的瞬间。这种沉浸是一种极其简单同时又极其激进的行动，它是正念的基础，而正念既是一种冥想练习，也是一种存在的方式。正念容易学，也容易做。同样地，我们很容易忘记练习，即便这种练习实际上根本不花时间，只需要我们记得。

令人欣慰的是，随着冥想进入社会的各个领域——从学校里的孩子们到老年人，从学术圈到职业商务，从科技工程师到社区领袖和社会活动家，从大学生到医学生和研究生，从政治家到各级体育运动员，这种与我们自身觉知能力的亲密联系正在以各种各样的方式被越来越多的人接受和培育。在大多数情况下，正念并没有被人们当作一件奢侈品或者一种稍纵即逝的时尚趋势。相反，随着人们逐渐认识到正念是充实、正直的生活的绝对必需品，正念本身有了更多的发展。换句话说，当我们每天面临严峻而迫在眉睫的挑战，同时也面对同等巨大和诱人的机会及选择时，我们对自己讲的故事即便有一部分是真相，也只是不充分的真相，更何况我们都有选择性失明的时候。在那个瞬间，如果我们能看透并超越人性本身的习惯性约束，那么这终将是一次宏大而极其重要的探险——它充满了跌宕起伏，就如同生命本身。同时，你选择如何与它相处也会给这趟探险（你的生命探险）带来完全不同的呈现。在这方面，你所拥有的话语权可能比你自认为拥有的要更多。

在正式的冥想练习以及日常生活和工作中，有很多不同的方法可以培育正念。正如你将要读到的，正式的冥想练习有多种姿势：坐、卧、立、行。而我们所谓的非正式练习，其实是真正的冥想练习，包括让生活本身与你的冥想练习相互依存，并认识到生活中展现的一切，你想要的、不想要的，以及未被觉察到的，都是真正的功课。当我们以这种开阔的视角来看待冥想的时候，在我们头脑里、生活中或世界上出现的一切都将被接纳。任何一个时刻都是完美的，我们可以在任何一个时刻把觉知带入正在展开的事物中，并由此学习、成长和疗愈。

最为重要的是，在流逝的时光中，找到真正属于你的方式去练习。那种你认为是直觉的、值得信赖的方式，它对你来说是真实的。与此同时，它也忠实于正念发轫的古老传统的本质。这本书的目的就是帮助你做到这一点，或者至少开始这样一次终身的探险。如果它对你来说是崭新的，你会学到如何在日常生活中发展正念练习。或者，如果你已经在练习了，那么它会帮助你深化练习。无论是哪种情况，你都将学到如何让正念成为一场与生命的爱恋，而非一份俗务，一种负担，或者是你已经过于忙碌的生活中又一件“应该”做的事情。这样，你终将深深地安住于生活中，而这种生活正是你想要的。几十年来的研究显示，在需要面对和超越来自整个人生的压力、痛苦和疾病时，正念是一个强有力的帮手。

有为与无为

有些时候，正念看上去像是在做些什么；有些时候，它又看上去像是什么都没做。从表面上看，你总也搞不清楚，但是，即便它看上去或感觉起来好像什么都没做，事实也并非如此。实际上，正念根本就不是做些什么。我知道这听上去有点儿疯狂，但正念冥想更多的是无为，比起做些什么或者到达某处，它是纯粹地沉入我们所拥有的唯一时刻——此刻。事实上，无论你在何时，身处何地，正在做什么，你都已经足够好了，至少在当下是如此！如果你能够把此刻抱持在觉知中，如果你能够温柔地对待自己，并且不去强求，此刻就已然完美。

规律的正念冥想练习有助于我们去触及自身，触及那份纯粹的觉知所具有的广阔，有助于我们豁达地行事。在现实意义上和象征意义上，规律的正念练习是把生活交还给你自己，尤其当你正处于压力或疼痛中，或者当你正陷入不确定性和情绪风暴中的时候。诚然，在生命的某些时刻，我们都可能在不同程度上陷入这样的处境。

不过，撇开正念在此刻是流行的还是臭名昭著的不谈，它更像是一场修行。有时候，这是一场艰辛的修行。对我们大多数人来说，它需要刻意和持续的培育，培育中又需要经由规则和自律的冥想练习来获得滋养。这种培育既纯粹又简单，虽然简单，但并不容易。这是值得去做的原因之一。时间和精力的投入会带来深刻的裨益，它深具疗愈力，可以带来完全的转化。这也是人们常说正念练习“把我的生活还给了我”的原因之一。

正念进入主流

在过去40年里，冥想练习，尤其是正念冥想已经进入了主流，其中有很多不同的原因。原因之一是有了日益壮大的同道社区，社区成员在世界各地教授正念减压（MBSR）课程，而我有幸与他们一起。正念减压课程是我1979年在马萨诸塞大学医学中心开发并启动的。之后，正念减压课程激发了其他以正念为基础的练习的发展，譬如针对抑郁症的正念认知疗法，还有其他一系列的基于正念减压课程发展起来的针对其他情况的课程，科学研究证实了这些课程的价值和效用。㊀

正念减压门诊部最初的目标，是经由一个为期八周的门诊课程，来测试正念训练在减轻和释放与压力、疼痛和疾病相关的痛苦方面的潜在价值，并测试正念训练

㊀ 部分名单包括正念分娩和养育（mindfulness-based childbirth and parenting，MBCP）；对酗酒的正念复发预防（mindfulness-based relapse prevention，MBRP）；对进食障碍的正念进食觉知疗法（mindfulness-based eating awareness therapy，MB-EAT）；正念体育竞技强化（mindfulness-based sport performance enhancement，MBSPE）；正念健康教育（mindfulness-based wellness education，MBWE）等。

在缓解慢性疾病患者的症状方面的潜在价值。这些慢性疾病的患者通常对常规的医学治疗没有反应，以至于掉进了主流医疗卫生体系的裂缝里。当他们坠落的时候，正念减压课程旨在作为一张安全网去接住他们，并提供一种“挑战”——在通往更宽阔的幸福和健康之路时，让他们以自身的处境为出发点，为自己做一些事情。正念减压课程并非一种新的医学治疗或疗法，它旨在成为一种公共卫生范畴的自我教育。随着时间的推移，越来越多的人完成了这个课程，它可能会使人群的正态分布曲线朝着更为健康、幸福和智慧的方向移动。在某种意义上，我们是在教人们如何经由正念练习，调动他们自身的内在资源，在接受医疗服务的过程中，与医生以及医院达成合作。并且让他们看到，如果他们能够学会更好地照顾自己，如果他们能够发展出新的方法来有效地应对和调节自己的压力和疼痛水平，以及各种健康挑战和慢性疾病，那么他们是否可以不用去医院，或者至少可以去得少一点儿。

我们感兴趣的是尽可能地观察和记录，在为期八周的课程中，每周6天，每天45分钟的规律的正念冥想练习是否能够对参与者的生活品质、健康产生显著的影响。对大多数人来说，从一开始这就是毫无疑问的。实际上，我们自己也可以看到人们在八周内所发生的变化。

在课程中，他们欣喜地分享自己体验到的一些变化，他们觉得自己被赋予了力量，而我们收集的数据也证实了这一点。

从1982年起，我们开始在医学文献中分享我们的发现。几年之内，其他科学家和临床医生也开始对正念进行越来越严谨的研究，在该主题上为科学界增加了很多知识。

今天，对正念及其在医学、心理学、神经科学和其他诸多领域中的应用的探索正在如火如荼地进行。这本身就是相当惊人的，因为它代表了两种人类知识体系（一种是医学和科学，另一种则是传统的冥想修行）的交会，这种交会是前所未有的。

当《正念的感官觉醒》在2005年1月出版的时候，在医学和科学文献的主题中有“正念”一词的文章共发表了143篇，占截至2017年共发表的相关文献数（3737篇）的3.8%。与此同时，在医学和科学领域，一个完整的、更为广阔的研究领域开始显现，那就是关于正念的效用：正念作用于大脑，使之呈现出惊人的重塑能力（被称为神经可塑性）；正念作用于基因及其调节（被称为表观遗传学）；正念作用于我们的端粒；正念作用于生理衰老；正念作用于思维和情绪（尤其是抑郁、焦虑和成瘾）；正念能够对我们的家庭生活、工作和社会生活产生影响。

新时代的新方式

如上文所述,《正念地活》出版于2005年，它是更宏大的著作《正念的感官觉醒》的一部分。基于从那时起所发生的一切，我觉得把那本书分成四小册[㊀]分享给新一代的读者可能非常有用。因为你至少现在正捧着该系列书中的第一本，你选择这本书，并读到了这里，我猜想你至少总体上是对冥想感到好奇的，并对正念冥想怀有特别的好奇心。即使你没有那么好奇，或者想到把冥想带入生活让你感到害怕（担心又多了一件你不得不去做的事情或者那需要占用你宝贵的时间，或者你担心家人和朋友可能会如何想，或者哪怕是正式练习这个点子都会让你失去兴趣，或者你觉得牵强和不现实），也不要担心。这些都不是问题。因为冥想，特别是正念冥想，真的不是你想的那样。

冥想能做的是转化你与思维的关系，帮助你善待思维这种能力。实际上，思维仅仅是你所拥有的很多不同智力中的一种，冥想会教你善用思维，而非被它囚禁。当我们忘了想法只是想法，只是觉知领域中的事件而非真相的时候，我们通常会被想法所左右。因而，本书要讲的便是正

㊀ 它们分别是《正念地活》《觉醒：在日常生活中练习正念》《正念疗愈的力量》《正念之道》，均将在机械工业出版社出版。——编者注

念是什么，以及为什么要正念。

该系列中的下一本书,《觉醒：在日常生活中练习正念》细致地探索了如何在你的日常生活中系统地培育正念。正念练习本身具有疗愈和转化的力量。正念不是技术，它是你与一切内在和外在体验智慧地相处的一种方法。那意味着你的感官，所有的感官（可能不止五个，如你将要看到的）扮演着十分重要而关键的角色。因此，我们可以说，第二本书详细阐述了正念是如何作为一种正式的冥想练习和一种存在方式的。

第三本书,《正念疗愈的力量》则是关乎正念的承诺。这本书从广阔的视角探索了正念的益处，包括两个我直接参与的研究。我没有完全记载自 2005 年以来所有新的科学研究的结果，那太多了，而且每天都有更新的研究出炉。本书的前言对主要的趋势做了总结，并参考了一些相关的图书，它们描述了近期最激动人心的研究。

在科学之外，该系列的第三本书还唤起了一些美和诗意，诗意之美是广阔的视角和境界所本具的，它们可能对我们具有启发和疗愈作用。有些是基于冥想传统的，特别是禅、内观、大圆满、哈他瑜伽。它们给我个人带来了深深的触动，并促使我从 21 岁起就把正念整合到自己的生活中。它们都指向具身觉醒以及我们内在联结的价值。它们充满力量的视角、领悟及练习经由数百年的时光流传下来——这是一份令人赞叹的人类传承，如今，这份传承尤为鲜活和繁盛。

第四本书，《正念之道》是关于如何在你的生活中实现正念——实现是指尽可能以你自己的方式让正念变得真切和具象，而且此时你不只是作为一个个体，还是作为人类大家庭中的一员。这本书较少聚焦于个体，而更多地聚焦于全人类，聚焦于我们过去四十年间在医学领域和在具有几千年历史的冥想传统中所学习到的智慧，这些对此刻地球上的智人来说可能具有重要价值。当你坚持不懈地安住于觉醒的能力中，品味着觉醒时自然升起的创造力、慷慨、关爱、自在以及智慧时，正念也可以唤起你作为一个独特的活生生的人的潜能，并让你看清自己在一个更加广阔的世界里的位置。因而，这本书不仅包括个人的自我实现，也包括社会和种族层面的觉醒，以帮助我们实现作为人的全部潜力。

我希望这四本书能够向新的一代人介绍正念恒久的力量，以及在当今世界，我们所发现的对正念不同的描述、培育和应用方法。事实上，我相信有很多新的应用和方法会被新的一代人开发和实施，并能与他们所处的环境相适应。当前，这些境况包括对全球变暖的新的觉知、战争的破坏性、极其不合理的人力成本、不公平的经济制度、种族主义、性别歧视、恐怖主义、隐性偏见、性骚扰和性侵、霸凌、性别认同的挑战、网络黑客、针对我们注意力的无休止竞争（所谓“注意力经济”)、整体性的文明匮乏，以及所有其他令人感到恐怖的事物和有史以来一直是人类生活的一部分的美好事物。

与此同时，记得这个观点也很重要：其实什么都没有变。正如法国人喜欢说的那样：“越变，越相同。”事物变化得越多，它们也越多地保持不变。有史以来，贪、嗔、痴一直在人类的心智上作祟，并造成了无尽的暴力和苦难。因而，如果你为自己和世界选择了正念这条道路，那就是此刻我们在这个星球上要去完成的事业。与此同时，当人类能够更深刻地了解自己时，我们也知晓了美丽、善良、创造力和洞察力。慷慨和善意、温柔和慈悲不仅是人性和人类处境的核心部分，也是卓越的艺术作品、音乐、诗歌、科学以及智慧和普遍存在的内在和外在的平和的可能性的核心。

在觉知中拥抱当下的力量

毫无疑问，正念、慈悲和智慧正变得前所未有地重要——虽然正念的本质一直是不受时间限制的，它和我们与此刻或任何一个时刻的关系有关。过去只能在当下被我们触及，我们试图长久地想象和掌控的未来也只能在当下展现。如果你想让未来有所不同，那么唯一的办法就是安住于当下，这意味着你要全身心地沉浸于此刻。这本身就是一个行动，即使它看起来像是“无为”。然后，下一刻将充满新的可能性，那是因为你愿意在当下全然临在。全然安住在这一刻，下一刻（未来）就已经不同了。现在的每一刻都是一个分支点。任何事物都可以在下一刻展现，但最终展现什么取决于你是否愿意，又在多大程度上愿意在此刻全然觉醒。当然，有时候为智慧、慈悲、正义和自由采取行动是很重要的。除非我们让自已有意识地采取行动，否则那些行动本身将是盲目或者无效的。如此，一种完全不同的行动出现了，我们可以称之为“明智的行为”或“明智的行动”，这是一种在正念的熔炉中塑造出来的真实行动。

如果你看一下手表，你总会发现，玄之又玄，它又来到此刻了。还有什么更好的时刻能把正念作为一种练习和存在之道呢？还有什么更好的时刻能开启或重启一次学习、成长、疗愈和转化的终身之旅，或者让这趟旅程重新充满活力呢？与此同时，充满悖论的是，你将无处可去，因为你已然完整，已然圆满，你已经本自具足。正念不是用来提升你自己的，因为你已然圆满，已然完整，已然完美（包括你所有的“不完美”）。反之，正念关乎这样一种认识，即此刻你已然完整、圆满，即便在同一个“此刻”，你的头脑中可能有两个聪明的部分正在上演左右互搏。只要你还有机会，正念就能帮助你找回你生命的所有维度和可能性。然后，通过一种或无限多种富有创意的方式去展现你的生命，正念将不可避免地落实到每个觉醒时刻的真切呈现中。生命每时每刻的觉醒之中，蕴含着巨大的选择自由和创造力。

进化轨迹

正念练习可以追溯到几千年前的印度文明和中国文明，甚至早于佛陀所在的时代。不过，是佛陀以及那些在几个世纪里跟随他的人，对正念做出了最清晰和完善的叙述。佛陀把正念说成是从痛苦中解脱的“直接通路”。如我们所见，正念可以被认为是一种存在之道，它在持续不断地对人类的觉醒之核心以及这一核心在新时代、新文化和新挑战面前的呈现方式进行再检验和再叙述。“正念”这个词代表了人类智慧的进化轨迹，人类智慧已然经过了几个世纪的发展，如今它正在寻找新的方式和新的形式来帮助我们认识到我们作为高度互联的星球上的生命所本具的完整性，并由此来助力我们这个超级年轻和早熟的物种的持续发展。经由科学家和冥想者持续的研究、交流和对话，也经由来自许多不同的传统和文化、投身于正念并接受过良好训练的正念老师们，我们人类正在寻找更有效的方法来了解正念及其潜在的疗愈和转化的效果，了解在不同领域里实行正念的新方法。世界各地的政治家和政府也开始注意并投入正念的培育和实践中，并根据其促进社区或国家健康的潜力来制定政策。

挑战和愿景

最终，对我们所有人来说，最重要的挑战是至少让觉醒的程度更高一点儿，并在实际意义和象征意义上达到我们能达到的程度，以及我们想达到的程度，尤其是当我们真正地意识到正念在根本上是与我们所本具的最深刻、最美好的那部分之间的一场爱恋的时候，然后，我们将处于一个更好的位置，去看到需要被看到的，去感受需要被感受到的，经由我们所有的感官，让自己变得更加觉醒。所有的人类体验都在等待着被更充分地邀请到你的生活中去，被觉知环抱，并被当作一生的实验和探险。趁你有机会，看看会发生什么。欢迎加入一个日益扩大的圈子，一个蕴含意向性和具身觉醒的圈子。

愿你对正念的兴趣和理解不断深化、成熟，愿你的这些收获每一天、每一刻都能让你的生活和工作、家庭和社区，以及我们所属的这个世界得到滋养，焕发生机。

乔恩·卡巴金

马萨诸塞州，北安普敦市

2018 年 1 月 24 日

目录

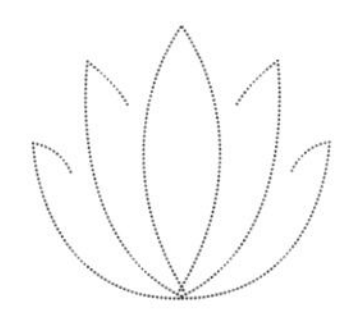

引言

一生的挑战以及一生的时间

或许，当我们无事可做时，

始能有所作为；

或许，当我们无路可行时，

方知将去何方。

——温德尔·贝瑞

我不知道你感觉如何，但对我来说，我觉得我们正处于人生的生死攸关的转折点上，它可以指向各种不同的方向。这个世界仿佛处于熊熊烈焰中一般，我们的心也一样，经受着恐惧和不确定性的煎熬，缺乏信念，却又常常充满激情。在这个转折点上，我们如何看待自己和世界，将对事情的发展产生巨大的影响。个体及整个社会的未来被如何塑造，在很大程度上取决于我们能否运用以及如何运用自己与生俱来的、无与伦比的觉察力，取决于我们选择如何疗愈当今生活中深潜的痛苦、不满和彻底的不安，正如当我们滋养和保护自身与世界上所有美好、健康的东西时，世界也会被如此塑造并令这一切呈现。

我所看到的挑战是，我们作为个人和人类如何做到感官觉醒。我认为（平心而论），全世界都在朝着这个方向发展。即使世界面临着诸多的挑战，那充满人类的创造力、善意和关爱的涓涓细流，也已经在我们尚未留意和理解之时，汇聚成了一条充满开放、觉醒、慈悲和智慧的滔滔大河。然而，日复一日，这次探险会把我们的个人生活和人类这个物种导向何方，却无从知晓。我们必须一起经历这段旅程，而这段旅程的终点既不是固定的，也不是预先确定的，也就是说这段旅程的终点并不存在，存在的只有旅途本身。我们目前所面对的与我们抱持和理解当下“这一刻”的方式，将塑造出一个又一个“下一刻”中所呈现的事物。而且不管在那之后人们如何言说行事，这种塑造不仅没有事先规划，其实也完全无法被事先规划，这一塑造过程神秘莫测。

然而，有一件事是毫无疑问的：这是我们所有人的旅程。无论我们是否喜欢，是否知晓，无论它是否会按计划展开，这个星球上的每个人都行进在这趟旅程上。这趟旅程关乎生活，关乎如何认真地面对生活的挑战。

而从这个方面来说，作为人，我们永远拥有选择权。我们可以被各种顽固且经不起推敲的力量和习惯驱动，让自己被囚禁于扭曲的幻梦和莫须有的梦魇中，或者我们可以投入生活，觉醒于生活，并全然参与生活的方方面面，无论我们是否“喜欢”此刻正在发生的一切。只有我们觉醒了，我们的生活才会变得真实，并有望从个人和集体的妄念、不安和苦难中获得解脱。

多年前，在一次几乎完全止语的十日静修中，一位冥想老师以这样的一个问题开始了与我的个人面谈：“世界待你如何？”我咕哝地做了一些回应，意思是说，一切都还好。接着他问我：“那么你待世界如何？”

我大吃一惊。这是我完全没有预料到的一个问题。显然，他并非泛泛而谈，也不想营造一次愉快的对话。他所指的就在那里，在那个静修营，在那一天。他以一种对那时的我来说貌似微不足道的方式提出了这个问题。来这次静修营之前，我觉得自己或多或少地正在离开“这个世界”，但他的话语直指这样一个事实，那就是没有“离开世界”这回事，即便在静修营这种人为简化了的环境里，在每一刻以及任一刻中，我与世界的关系也是重要的。事实上，这个问题对于我来静修营的最终的目的也至关重要。在那一刻，我明白自己有很多需要去学习的：关于我为什么会去那里，关于冥想到底是什么，以及关于所有这一切背后的问题，我到底在做什么。

这些年来，我终于逐渐明白了这个显而易见的事实——这两个问题其实是同一个硬币的两面。因为，我们每时每刻都与世界保持着亲密的关系。这份因缘中的施与受一直在塑造着我们的生活，它也在塑造和定义着我们所生活的世界，我们的体验就在这个世界里展开。很多时候，我们会觉得生活的这两个方面（世界如何待我以及我如何待世界）是彼此独立的。你有没有留意到，我们很容易陷入这样的思维——觉得自己就像是一个静止的舞台上的演员，仿佛世界只是“在舞台外面”，而非同时也“在舞台里（上）面”？当我们的体验告诉我们“外面”和“里面”之间的这层隔膜薄到可以忽略不计时，你有没有觉察到，我们还经常表现得好像“外面”和“里面”有明显区分？即便我们感知到了外在和内在的亲密的关系，依然可能并未敏感地意识到我们的生活是如何影响和塑造世界的，以及世界是如何塑造我们的。在每个层面上，这都是一支互惠和相互依赖的共生之舞，从能否与自己的身心及其体验亲密相处，到如何与家人相处，从购物习惯，到如何看待从电视或其他渠道了解到的新闻，再到身处一个更广大的世界政体中，我们如何作为或者不作为。

这种不敏感特别麻烦，它甚至具有破坏性。当我们试图像通常所做的那样以某种方式迫使某事按照“我的方式”进行，却无视这种方式所携带的暴力时，那么即便所为之事细小如微尘，也依然会牵一发而动全身，照样可以打乱事物的节奏。迟早，由于这样的强迫之举忽略了互惠定律，也无视施受之舞本身复杂的美学，结果我们会有意无意地踩到很多脚趾。这种不敏感以及与事实的失联，也会让我们与自身的可能性隔绝开来，在任何一个我们拒绝承认事实真相的时刻都是这样，这可能是出于我们不希望它们是那样的，或是出于恐惧，故而试图迫使那个情境或关系成为我们想要的那样，不然，我们的需求可能就无法得到满足。然而我们所遗忘的是在大多数时间里，我们几乎不知道自己究竟想要什么，我们只是觉得自己知道。我们也忘了这支共生之舞既极其复杂，也极其简单，当我们不被自己的恐惧压垮，停止对事实做出各种臆测，并开始活出真我时，新的有趣的事情就会发生，而这将远远超过我们有限的、希望长期强力掌控任何事情的能力。

作为个人和人类物种，我们再也不能忽视我们是互惠互联的这一基本特征了，我们也不能忽视，当我们以自己的方式坦诚地面对自己的渴望和意图时，即使有时我们自己也觉得那份渴望和意图是如此神秘或者不清晰，它也依然会带来新的有趣的可能性。经由我们的科学、哲学、历史以及精神传统，我们开始看到，每一个个体的健康和福祉、幸福和快乐甚至是物种的繁衍，都有赖于我们在有生之年如何选择自己的生活。在这条生命长河中，我们都只是转瞬即逝的泡沫，在这条生命长河中，我们也是下一代生命的创造者和世界的建设者。

与此同时，我们已经看到了自己所生活的地球，包括地球上的生灵和文化，在很大程度上取决于这些相同的选择，而这在很大程度上会通过我们作为社会人的集体行为体现出来。

举例来说，除了几个特别突出的例外，迄今为止大多数人都知道并尊重这样一个事实：对全球气温的精确记录可以追溯到至少 40 万年前，而且全球气温一直在极端的冷和热之间波动。我们正处在一个相对温暖的时期，此前地球还没有经历过更为温暖的时期，直到 21 世纪初期情况才开始有所不同。2002 年，我在一群科学家列席的会议上获知，过去 44 年间大气中的二氧化碳水平上升了 18%，达到了比过去 16 万年更高的水平（由对南极洲雪核中的二氧化碳含量的测量得出）。而且，二氧化碳水平还在以前所未有的速度持续上升着。2015 年、2016 年和 2017 年是有史料记载以来最暖和的年份。

大气中二氧化碳水平的急剧升高完全是由人类的

各种活动引起的。联合国政府间气候变化专门委员会（Intergovernmental Panel on Climate Change）预测，如果不加以控制，大气中的二氧化碳水平将在2100年翻倍，全球平均气温将急剧上升。我们都知道，这种变暖已经使得北极在夏季出现了无冰洋面，南北两极的冰川在融化，全世界的冰川都在快速消失。引发混乱的波动、破坏全球气候稳定的潜在后果即使尚未导致恐慌，也应使我们警醒。我们已经看到了这种不稳定的后果：日益严重的风暴及其给城市带来的影响。虽然气候变暖带来的后果难以预测，但短期内可能会致使海平面急剧上升并使全球沿海居民区和城市被淹没。想象一下，如果海平面上升15.24米，曼哈顿会是怎样的光景。孟加拉国、波多黎各以及所有沿海国家、沿海城市和岛屿附近的海平面已然上升，当地的人们已经经受了更恶劣的天气。

我们可以说，地球已经出现了自身免疫性疾病，气温和天气模式的变化只是该疾病的众多症状中的一种，因为人类活动的某个方面已经严重破坏了地球作为一个整体的动态平衡。我们知道吗？在乎吗？这是别人的问题吗？是被统称为“他们”（科学家、政府、政客、公共事业公司、汽车行业）的问题吗？如果我们真的是地球这个整体的一部分，是否有可能在这个问题上一起做到感官觉醒并重建某种动态平衡？我们作为一个物种的所作所为已经威胁到了自己以及后代的生活，事实上，也威胁到了其他很多物种的生活。我们是否还有别的方法来进行人类活动呢？

对我而言，去关注已知或已觉察到的事物，这已是过去式了。如今，我们不仅要去觉察与他人及环境这类外在世界的关系，也要去觉察内在世界的想法和感受、激情和恐惧、希望和梦想。我们所有人，无论是谁，无论在何处生活，都拥有些许共同点。在很大程度上，我们很多的愿望都是相同的——希望能和平地生活；能追求自己的梦想，憧憬着创造些什么；能为更广大的人群做有意义的贡献；能有归属感和个人价值感；作为个人、家庭成员和社会，我们能胸怀大志，相互尊重，实现繁荣；能生活在个人的动态平衡中，也生活在集体的动态平衡中，个人的动态平衡意味着保障自己的健康，而集体的动态平衡意味着保障我们的“共同健康”，它尊重我们的差异，使我们共同的创造力能在最大程度上得到发挥，保护我们不受肆意伤害，不受那些对我们的幸福和存在十分重要的东西的威胁。

在我看来，这样一种集体的动态平衡，让人感觉仿佛置身于天堂，或至少感觉像在舒适的家里。当我们从内到外都真正拥有了平和、懂得了平和，就会知道这就是平和的感觉，就是健康的感觉，就是真正的幸福的感觉。这是在最深层意义上安住于家园的感觉。难道这不正是我们真正想要的吗?

具有讽刺意味的是，这样的平衡其实一直是唾手可得的，它以某种看似毫不起眼但实际上并非微不足道的方式存在着，这种平衡与异想天开、僵化或权威的控制模式或乌托邦模式没有关系。当我们转向自己的身心，转向那些推动我们不断前行的力量，也就是我们的动机和关于什么是值得我们为之而活并需要为之付出努力的愿景时，那份平衡就已经在那里了。这种平衡存在于素不相识的人之间、家庭里甚至是战场上敌对双方小小的善意中。每次当我们回收瓶子、报纸，或者想着节约用水的时候，这份平衡就已经在那里了。或者当我们与邻里守望相助，保护日益缩小的自然野生区域并懂得我们是在和其他物种共享这个星球的时候，这份平衡就已经在那里了。

如果我们承认所在的星球正在遭受自身免疫性疾病的折磨，如果我们承认这种自身免疫性疾病是由人类的行为和心态导致的，那么我们可以思考一下，关于治疗这种疾病的最有效的方法，我们能从现代医学的前沿中学到什么。在过去 40 年里，被称为心 / 身医学、行为医学、身心医学和整合医学的研究和临床实践得到了蓬勃的发展，被我们称为“健康”的神秘的动态平衡涉及身和心的平衡

（其实把身和心分开是十分怪异的、人为的做法），这一动态平衡可以被有特定品质的注意力强化，这份注意力可以提供养分，帮助我们复原并得到疗愈。事实证明，在我们每个人的内心深处都有一种能力，这种能力能够让我们实现内在的动态平衡和安康，能够让我们拥有一份超越概念层面的巨大的、固有的、多维度的智慧。当我们调动和淬炼这种能力并加以运用的时候，我们在躯体上、情感上和精神上都更为健康，也更加快乐。就连我们的思考都会变得更为明晰，更少受到心智风暴的困扰。

如果我们有动力去做些什么，就可以培育、滋养和淬炼这种梦寐以求的专注力和富有智慧的行动力。然而令人难过的是，个体通常只有在经历了威胁生命的疾病或是遭遇了令人震惊的系统性事件，也就是那些会带来巨大身心痛苦的事件后，才会产生这样的动力。就如同许多到减压门诊来上正念减压课程的患者那样，他们常常是被医学技术的残酷事实惊醒后，才有了这样的动力。这个事实就是，无论我们的医学技术有多么了不起，它仍有很大的局限性，很多时候能完全被治好的疾病只是少数，虽然有一定疗效，但各种治疗手段常常更像是球赛中的后卫——主要用以维持现状，而且相当多医生对疾病的诊断也常常并不精准和充分。

无须夸张，如同前言中所提到的，在医学、神经科学和表观遗传学领域的新发现表明，个体有能力调动我们作为人所本具的内在资源，以助力终身学习、成长、疗愈和转化。这种能力蕴含于我们的染色体、基因和基因组中，蕴含于大脑、身体和心智中，蕴含于我们彼此之间的关系以及与世界的关系之中。从我们所在之处（永远是此地）开始，在我们仅有的那一刻——永远是此刻，我们可以获得这些能力。无论我们发现自己身处何种情境，无论它是长期存在的，还是新近出现的，无论我们将它看成是“好的”“坏的”还是“丑陋的”，是“令人绝望的”还是“充满希望的”，无论我们将它归因于内在的还是外在的，我们都有着疗愈和转化的潜能。这些内在资源与生俱来，并且可以让我们终身受用，因为它们从未与我们分离。作为人类这一物种，学习、成长、疗愈是我们的本性，看清事物并在行动中迈向更高的智慧、对自身和他人怀有更大的慈悲也是我们的本性。

当然，我们还是需要去挖掘、发展和使用这种能力。最大限度地发挥自己的潜力是我们一生的挑战，也只有这样才可能用好我们所拥有的每一刻。通常，我们很容易就错过了当下，或者让各种想要或不想要的东西占用此刻。与此同时，我们很容易就能明白，在奔腾向前的生命长河中，我们只能活在当下。如果能够真切地在当下保持临在，这对我们来说将是一份巨大的馈赠，当我们临在于当下时，有趣的事情就会开始发生。

选择时刻培养这种学习、成长、疗愈和转化的能力是一生的挑战，也是一辈子的冒险。它为我们开启了一段旅程，让我们认识到自己真正是谁，重视生命，认真地生活。生命确实是重要的——比我们自认为的更重要，我们活着不仅仅是为了自己的享受或者成就，尽管我们自身的喜悦、幸福感和成就定会实现。

通过调动和发展本具的资源，这段朝向更宏观的健康和理智的旅程得以推进。其中尤为重要的是我们的专注力，尤其是对于那些生活中尚未被关注的面向，那些似乎一直被忽略的面向。

专注可以淬炼和滋养我们与觉知的亲密感，在个体和集体层面，我们存在的这一特征连同语言一起，突显了我们这个物种的学习和转化的潜力。我们通过五种感官直接理解事物，外加我们的心智的力量（佛教徒认为心智是一种感官），就可以成长、变化、学习并觉知。我们能够看到，一种体验的任何一个层面都存在于无限的关系网络中，有些层面对我们即刻或长远的福祉极其重要。确实，那些关系中的很多层面是我们可能无法立即看到的。在生命的经纬中，或多或少存在着隐秘的维度，它们还有待被发现。即便如此，那些隐藏的维度或所谓新的自由度，也是有可能被我们触及的。当我们持续地培育正念觉知能力并安住于其中的时候，它们会逐渐展现在我们眼前。这份持续的培育需要我们带着敬畏和柔情，有意识地关注极其复杂而本质上又秩序井然的宇宙、地球、国度、地理、社会地形、家庭、心智和身体，我们在这所有的一切中安身，并受其引领，而所有的一切，在每个层面上，都在不断变化——无论我们是否知道，无论我们是否喜欢。这些变化提供了无穷无尽又无法被预料的挑战和机会，使我们去觉醒和明察，并因此而成长。我们的行动将迈向更高的智慧，并抚慰因习惯性远离家园和安宁而备受折磨的躁动的心灵。

这段朝向健康和理智的旅程是一份来自圆满生命的盛情邀请，它邀请我们在有生之年赶紧觉醒过来，而不是等到临终时躺在床上才幡然醒悟。正如亨利·戴维·梭罗（Henry David Thoreau）在《瓦尔登湖》（*Walden*）中掷地有声的警告：

> **我来到丛林中，因为我就是想要这样去生活，去面对生活的基本事实，并看看我是否真的无法学习到它想教导我的，而非当死亡来临之际，才发现自己还没有真正活过。**

未曾圆满地活过就凋零，还有机会的时候却未能醒悟，这对所有人来说，都一直是一个重大的风险。我们习惯的自动化程度，以及这个时代事件的持续发展速度，远比梭罗的那个时代疯狂，而那种心不在焉往往弥漫在我们最重要的关系之中，但与此同时，这种心不在焉在我们的生活中似乎并不显眼。

然而，正如梭罗本人所规劝的那样，我们是有可能在本具的智慧和开放的注意力中安住的。他指出，先要去品味，然后栖居于心灵和心智的广阔觉知中，这既是可能的，也是极为可取的。当我们恰如其分地对这份觉知加以培育时，我们就能够明辨、抱持、超越并跳出那些囚禁我们的牢笼——程序化的（惯有的）思维模式、感官和关系，以及与此相随的杂乱无章和具有破坏性的心态和情绪，只有这样，我们最终才能获得自由。这样的习惯往往受制于过去，它不仅来自基因遗传，也来自我们的创伤、恐惧、缺乏信任和安全的经历，由于那个原初的自我没有被看到，我们会没有价值感，或者对曾经所遭受的轻视、不公、压倒性的伤害充满憎恨。然而，这些习惯最终会缩窄我们的视野、歪曲我们的理解，稍不留神，它们就会妨碍我们成长和疗愈。

让我们在实际意义和象征意义上做到感官觉醒，无论是作为一个物种，还是作为个体，我们首先需要回到身体。我们的感觉和所谓的心智就是在这里产生的。我们很多时候都会忽略自己的身体，我们觉得自己仅仅是栖息在它那里，很少主动去照顾它或者尊重它。令人诧异的是，对我们来说，自己的身体是一个既熟悉又奇异的陌生景观。它是一个我们有时会恐惧甚至厌恶的领域，这取决于我们的过去以及我们可能面对或惧怕的东西。还有时，我们可能会被自己的身体吸引，强迫性地关注自己的身材、体重、模样，陷入无意识但似乎无休止地自我关注和自恋的风险中。

在个人层面，我们从过去40年的身心医学领域的很多研究中了解到，即使身处巨大的挑战和困难中，身心平和也能够使我们越来越健康、幸福和清晰。成千上万的人已经踏上了正念减压的道路，讲述了他们自己以及共同工作和生活过的人如何由此获益，毫无疑问，他们将继续讲述下去。我们已经意识到，当以正念的方式去觉知时，我们可以触及那些不易察觉的维度，获得新的自由度，并非只有少数人可以如此选择。任何人都可以踏上这趟旅程，并从中寻得巨大的助益和安慰。

感官觉醒并不需要花多少时间，只要你能存在于当下，只要你在此刻保持觉醒即可。自相矛盾的是，这也是一生的投入。无论从何种意义上来讲，你都可以说我们“一辈子”都会如此。

在任何层面，关于感官觉醒的冒险的第一步都是要与觉知本身培育一份亲密感。正念是觉知的同义词。我给正念下的操作性定义是“有目的地、非评判地在当下加以关注时所涌现的一份觉知”。如果你需要这样做的理由，可以加上“它可以服务于智慧、自我理解，并让我们认识到与他人和世界的内在联结，因而，也将服务于善良和慈悲”。当理解了“非评判”真正意味着什么的时候，你就会知道正念本身就是关于道德的。[㊀]“非评判”并不意味着不去做任何判断——我们会有很多判断。这是一份邀约——尽你所能地去暂时放下评判，当评判升起的时候，你只是去认识它，而不去评判你正在做评判。

觉知和自知的能力，是我们人类之所以为人的必经之路。经由对正念的培育，我们得以触及自身觉知力所含有的强大力量和智慧。通过正念冥想，正念可以被细致而系统地培育、发展和淬炼为一种练习和存在的方式。

在过去的40年里，正念练习在世界各地迅速传播并逐渐进入西方文化的主流。在很大程度上，这得益于科学界和医学界不断增长的对正念的各种效用的研究，以及随后不同领域对正念爆发式增长的兴趣，这些领域包括K12教育、高等教育、商业、运动、司法系统、军队及政府，当然更不用说心理学和心理治疗领域了。

冥想并非什么奇怪或异乎寻常的事物。归根结底，它就是单纯地对生活加以关注，就好像这份关注是性命攸关

㊀ 它既不是要摒弃明晰和明辨，也不是要摒弃诸如善良和慈悲这样的人类价值。

的一样——因为实际上它确实是性命攸关的，比你想象的更重要。值得注意的是，虽然正念并非不同寻常，但与此同时，它又是格外特别的，并且会以令人难以想象的方式带来彻底的转化，它的这些特性或许可以引导我们去尝试正念练习。

当我们培育和淬炼正念的时候，它几乎可以助益于人类经验的所有层面，从个人到企业、社会、政坛乃至全球。但这确实需要我们具有足够的动力去理解我们究竟是谁，并且认真地生活，不仅是为自己，也是为他人和世界。那是因为当我们觉醒时，我们会意识到现实本身和我们所居住的世界在本质上是休戚相关的。我们越经常练习觉醒和觉察，这份关联就会变得越明显。

这趟伴随我们一辈子的探险从我们踏出第一步时就开始了。当我们行走在这条道路上的时候，就如同在这本书以及另外三本书里所要做的那样，我们会发现，我们并非一个人在努力，即使深陷于生活困境之中，我们也不是孤独或独特的。因为，当你开始练习正念的时候，你就加入了一个日益强大的、具有意向性和探索精神的国际社群，它最终囊括了我们所有人。

在我们启程前，再提一件事。

无论我们在正念的培育中做了多少功课来学习、成长和疗愈，我们都无法确保自己是完全健康的，因为在某种程度上，这个世界极其不健康，艰辛和痛苦俯拾即是。总有人在承受痛苦：我们身边的亲友，或素不相识的人。万物休戚相关，他人的痛苦会成为我们自身的痛苦，即便有时我们会因为难以承受这份痛苦而背过身去。不过，与其认为他人的苦难对我们而言是个难题，不如将其视作强大的动力因素，激励我们自己和世界去实现内在和外在的转化。

毫不夸张地说，世界本身正在遭受严重并且不断恶化的疾病的折磨。回顾历史，无论在何时何地，或仅仅是此刻，世界正在遭受疯狂的痉挛这一事实已尽显无遗，这看起来仿佛是一个集体精神混乱、狭隘心理和宗教激进主义占据优势的时期，现实中充斥着巨大的痛苦、混乱和离心力。这种爆发状态是智慧和平衡的对立面。它们往往因狭隘的傲慢而变本加厉，而这种傲慢通常致力于自我扩张和明目张胆地剥削他人。这种爆发必然与意识形态、政治、文化或企业霸权的动机有关，尽管它们被人文主义、经济发展、全球主义以及对物质“进步”和西方式民主等极具诱惑的狭隘观点改头换面。这些力量通常会导致文化或环境同质化或退化，致使人权被公然践踏，所有这一切加起来就像是一种恶疾。钟摆的摆动似乎越来越快，因此，我们几乎无暇指出何时处在痉挛发作的间隙，那个可以让人真的感到自在，并从无所不在的平和中获得慰藉的间隙。

我们知道，20 世纪见证了更多有组织的杀戮（多于以往所有世纪的总和），这种杀戮大部分以和平和终止战争为名义而爆发。极具讽刺意味的是，这些杀戮居然发生在欧洲和远东的一些具有深厚文化底蕴的文明古国。而 21 世纪正在紧随其后——杀戮正以一种看似不同、实则无异或者更令人不安的方式发生着。无论主角是谁，无论争论的具体问题是什么，战争（包括秘密战争和反恐战争）总是以来自各方的最高目的和最有说服力的名义发动。它们总是以谋杀性的流血事件告终，即使看上去无可避免，也给受害者和施害者双方都造成了伤害。总之，战争是人类心灵中的不安导致的。原本可能存在其他更具有想象力的解决争端的方式，但我们却选择通过伤害他人的方式，这让我们看不到战争和暴力本身其实是一种自身免疫性疾病，这似乎是我们这个物种所遭受的独一无二的痛苦。当和谐和平衡被千真万确、极其危险甚至非常有害的方式破坏时，这会让我们对其他可以用来重建和谐与平衡的方式视而不见，我们可能正在不自觉地助长和扩大这些力量，哪怕我们憎恨战争和暴力，有力地抵制它并与之战斗。

而且，现在“赢得”战争与在战后守卫和平是两种截然不同的挑战，如同美国必须面对伊拉克和阿富汗。因此，我们需要一种完全不同的思考、觉知和规划方式，而它只能来自我们对自身更好的理解，以及对他人更善意的理解，甲之蜜糖，乙之砒霜，他们有自己的文化、习俗和价值观，持不同立场的人对相同的事件可能见解各异，有时候我们可能对这些都难以理解。实际上，在第二次世界大战结束以后，美国通过欧洲马歇尔计划，以某种方式预先实现了这一目标。

同样地，我们需要不断地认识到观点的相对性，以及那些可能推动这些观点形成与演变的动机，这样我们才不会陷入限制性的循环里，阻碍更宏大、更具包容性且更准确地明察。基于世界的现状，我们是时候去触及在所见和所知的差异之下人类智力更深层的维度，以及人性中共通的部分。这意味着，单单聚焦于个体的福祉是极其不明智的，因为我们的福祉与所处世界的所有一切都休戚相关。感官觉醒涉及培育对所有感官的整体觉知，包括心智及其局限性，包括当我们感到极度不安全并拥有大量资源时，那种想要对外在世界施加各种僵化而严厉的掌控的欲望，其实这种对外在的掌控是一项不可能完成的“任务”，它本质上是一种暴力和自我耗损。

在世界健康这个更大的领域里，就如同我们自身的健康那样（因为这是如此根本），我们需要把对身体（body）的觉知放在首位，但在这里是各种具体的、有形的组织（body politic），包括社区、公司、国家、国家的联盟，它们都有各自的疾患和见解，以及在它们自己的传统和文化内（或在各种不同的传统和文化的交会点上）培育自我觉察和疗愈的丰富资源，这是当今世界的标志之一。

自身免疫性疾病其实是身体自身的感知、监测和安全系统，即免疫系统出了问题，进而攻击自己的细胞和组织。在这样的情况下，无论一个机体或一个国家在其他方面是多么健康和充满活力，它都无法实现长期繁荣，因为它的一部分与另一部分在交战。如果某个国家的外交政策在很大程度上是由一次过敏反应（免疫系统失调的表现）决定的，那么任谁都不可能在世界上昌盛很久。我不是找借口，自 2001 年“9·11”事件发生之后，美国人民都在遭受创伤后应激障碍的折磨，这是真的。全球恐怖主义的出现加剧了这种创伤。种族民粹主义毒潮“不甘落后”。这种情况只会让那些好心或愤世嫉俗的领导者利用这些事件来达到某些个人目的，而这些目的与疗愈和真正的安全或民主没有多大关系，或根本毫无关系。

如同经历了一次非致死性的心脏病发作或被诊断为某种令人震惊的疾病，这是我们整个系统的一次休克，我们被出乎意料地、粗暴地抛到一条陌生的道路上，虽然令人恐惧，但如果我们能以关爱和关注来抱持和理解，就将被这警钟敲醒，去调动我们所拥有的深厚而强大的资源，这些资源可以治愈我们的疾病，重新分配我们的精力和优先事项，我们可能长期忽视或是已经遗忘了这些资源，即使我们在以正念而有力的方式回应，以确保我们的安全和幸福。

对更大的世界的疗愈需要几代人的努力。在很多地方，疗愈已经开始了，很多人已经认识到了无视现状所带来的巨大风险，比如我们不去关注世界——这个垂死病人的情况；我们没有去留意病人的历史，也就是这个星球上的生命，特别是人类的生命，因为他们的活动现在正决定着地球上所有生命未来的命运；我们没有去留意那个自身免疫性疾病，尽管它已经与我们正面对视，但我们发现它难以接受；我们也没有去留意某种治疗的潜力，这种治疗需要我们趁还来得及，广泛地拥抱我们人类本性中最深刻、最美好的东西。

如何疗愈我们的世界是需要学习的，即使是试验性的，也要把我们的多重智力运用起来，以为我们自己和我们子孙后代的生活、自由和对真正幸福的追求服务。服务对象不仅包括美国人乃至西方人，也包括地球上所有的居民，无论我们居住在哪个大陆或岛屿上。服务对象不仅包括人类，也包括自然界的所有存在，也就是佛教徒们常说的有情众生。

知无不言，言无不尽，为所当为，感知力是感官觉醒和看到可能性的关键。如果没有觉知，如果不去学习如何使用、净化和稳固我们的觉知，以及与生俱来的明察和无私的能力，那么我们注定要遭受自身免疫性疾病的折磨，无论是在个体层面，还是在组织层面——包括公司、众议院、参议院、白宫、政府，甚至更大的国家联合体——如联合国和欧盟。我们注定要让自己陷入一种自身免疫性疾病，这种疾病源于我们的失察，这种疾病还是无尽的错觉、妄念、贪婪、恐惧、残酷、自我欺骗甚至是肆意破坏和灭亡的根源。对地球这颗行星来说，是人类这个物种诱发了它的自身免疫性疾病。我们是疾病的诱因，也是它的第一个受害者，但这绝不是故事的结局，至少还未发生，至少还不是现在。

因为只要我们还在呼吸，就依然还有时间去选择如何生活，去反思这种选择对我们的要求。这是具体到每一刻的选择，而不是一个宏大的、令人生畏的抽象概念。无论我们的生活以何种方式展开，它都与生命的本质和基础非常贴近。它存在于每一刻，存在于我们内在的想法和情绪，也存在于我们外在的言行。

世界需要繁花盛开，就如它们的本来面目那样，即使芬芳易逝，也有一生之期。我们要做的是先一一细辨，后整体远观，发现自己是哪一种花，在珍贵的有生之年，分享独特的美，并经由我们的生活方式，在崇尚互相联结的组织中、家里以及世界上，为子孙后代留下智慧和慈悲的传承。既然内在和外在反映了我们作为一个物种的天赋，那么我们为什么不冒险在我们的生活和世界中保持清醒呢？

我们每一个人的充满创意和想象力的努力和行动都很重要，因为世界的健康正处于千钧一发之际。从隐喻上和字面上来说，这个世界正在等待我们这个物种实现感官觉醒，现在正是时候。就是现在，我们应该意识到自己的美好，继续并拓展我们的工作：疗愈自己、疗愈社会、疗愈地球，把这一切建立于价值源远流长并在当下立现的事物之上。没有一个意图是尘垢粃糠，没有一种努力是微不足道的，这条路上的每一步都算数。而且，你将看到，我们之中的每一个人都很重要。

如前言中所描述的，这本书是系列书中的第一本，每一本书都有两个部分。在所有这四本书中，我都穿插讲述了自己的个人经历，试图给读者一种矛盾的感觉：一方面，冥想练习是多么个人化和特定化；另一方面，它又是多么非个人化和普适，它超越了所有关于“我的”经历、“我的”生活的以自我为中心的故事，而这些故事情节都是头脑中顽固的自我惯性所编造的。同时，试图让读者认识到认真地对待自身体验但不把它个人化的重要性，以及拥有一份健康的洒脱和幽默的重要性，尤其是在面对巨大的痛苦时。毕竟，我们在试图理解这个世界和我们自己时所坚持的那些观点或视角（歪曲的透镜）终会消失。

本书的第一部分将探索正念是什么、不是什么，以及培育正念需要些什么。第二部分会检验痛苦和“不安”的根源，以及有目的、非评判地专注本身能如何让我们解脱，正念如何被整合进医学，以及它如何揭示我们的心智和心灵的新维度，而这些维度可以是极具复原力和转化性意义的。

第二本书《觉醒：在日常生活中练习正念》的第一部分将探索我们生命的“感官图景”以及更强的感官觉知力是如何滋养我们的幸福，丰富我们的生活，以及丰富我们认识世界和存在于自己内在的方式的。第二部分将带给读者具体的正念培育指导，经由不同的感官，运用一系列正式的冥想练习，让习练者随时都能体验到练习的丰富性。

第三本书《正念疗愈的力量》的第一部分将探索培育正念是如何带来疗愈以及更大的幸福的。我称之为以我们惧怕的方式去做“意识的正交旋转”[一]，然后再回到现实世界实践。第二部分在正念培育上加以拓展，列举了一系列的案例，以展示它是如何影响我们日常生活中的一切的，包括从对身处之境的体验，到是否观看“超级杯”，

[一] 不必被这煞有介事的字眼吓到。它仅仅表示相对于我们所使用的坐标系的“90度”变位。总的来说，可以将其视为描述了一个新的维度，超越了我们熟悉的传统维度，从而基于更大的维度提供了一个新视角。

再到“身未死，人已亡”。

第四本书《正念之道》的第一部分将从身心医学的角度去观察全球政治和世界范围内的应激，并将提出一些以正念帮助转化和促进政体和世界健康的方法。第二部分把我们的生活和当下我们所面临的挑战放在更大的背景和视角下来审视，也就是从我们作为一个物种本身和我们在星球上演化的视角，并揭示一些可能被隐藏的维度，这让我们每时每刻都能认真生活，就像生活真的很重要一样。

如前所述，这四本书循序渐进，从正念“是什么”，到“为什么正念”，到如何在我们自己的生活中培育正念，再到如此行事的可能动机（换句话说，就是正念给了你什么承诺），最后到我们如何在每一刻的生活中践行。愿你能在这些书中找到滋养。

我们的想法和行为恰恰受到那些不被我们发现的东西的限制。

——R.D. 莱恩

有什么东西在我身体里面……我不知道那是什么……但是，我知道它就在那里。

——沃尔特·惠特曼

/ 第一部分 /

正念不是你想的那样

第一章

冥想不为软弱者所设

当事情发展得如此之快时，永恒之美和当下的丰富简直难以言表。事物发展得越快，安住于时光的永恒中便显得越发重要。如果不这样，我们将难以触及人性中那些可以给我们带来不同体验的面向：快乐与忧伤、智慧与愚昧、幸福与弥漫在我们身心和世界上的侵蚀性混乱。我们把这种侵蚀性混乱称为“不安”（dis-ease）。我们对某些事物的不满确确实实是一种病，即便它看上去并非如此。很多时候，那些让我们觉得“不安”的感受和处境被称为“压力”。它通常令人难以忍受，让我们感觉沉重。而且，它总带给我们一份潜在的不满足感。

1979 年，我在位于马萨诸塞州伍斯特的马萨诸塞大学医学中心开设了一个减压门诊。那几乎已经是四十年以前了，当时我就曾问自己："什么是压力？"而从那时起到现在，我们的世界发生了如此巨大的变化：生活节奏加快，世界变幻莫测，各种危险纷至沓来。如果说在四十年前，直视个人处境和外部环境，寻找新颖而富有想象力的方法去与压力工作，并以此促进健康和疗愈的做法是非常重要的，那么现在它更显得无比重要和迫切。如你所见，我们现在生活在一个已经陷入高度混乱的世界里，并且各种事件的发展速度陡增，即使这个世界已经变得越来越互联，越来越小了。

对我们来说，在这样一个以指数级加速，越发具有破坏性的时代，学习安住于时光的永恒，并从中汲取慰藉，获得明察，变得越发重要和紧迫。从一开始，那就是减压门诊课程的核心，如今该课程被称为"正念减压"。我所谈论的并不是一个遥远的未来：仿佛经过多年的努力，你最终会获得一些什么，会品尝到冥想觉知之美以及它所能提供的一切，或者最终会在某个不一定到来的曼妙未来过上一种高效、令人满足和平和的生活。我想说的是在此刻进入永恒，通过这样做，我们才能触及那些目前因为我们拒绝临在而不为我们所知的维度。不止拒绝临在，我们还总是被未来或过去诱惑、吸引、催眠或恐吓。即便没有出现强迫性行为，我们也总是在关注那些自认为"紧急"的事情，被流水账般的事件裹挟着，我们本身对此或许已经感到麻木。与此同时，我们和真正重要的，最要命的东西失去了联结。而这些重要的东西实际上对我们的健康、心智和生存都至关重要。沉湎于未来和过去，这是一个多么压倒一切的习惯，很多时候，我们对当下全然没有觉察。因此，我们可能会觉得自己无法控制自己生活和思想中的起起落落。

在我们机构（也就是医学、医疗和社会正念中心，简称正念中心）给商业领袖们的静修营手册的开篇中，对正念静修和培训课程做了如下描述："冥想既非为软弱之人所设，也非为那些习惯回避内心渴望之人所设。"把这句话写在开头是有原因的，就是想立即阻止那些还没有准备好迎接永恒的人，让他们不要来参加，因为他们可能不会理解甚至不会为心智或心灵准备足够的空间，以让自己有机会来体验和理解正念。

如果他们参加过某个为期五天的课程，很可能会发现在整个过程中，他们都在与自己的心智作战，觉得冥想练习是胡说八道，是纯粹的折磨，极其无聊，浪费时间。当我们能够聚在一起，以这种方式来探索我们每刻的真实体验时，他们可能陷入自我抵抗和自我否定当中，以至于他们永远也找不到一种方式来享受我们拥有的短暂而弥足珍贵的时刻。

如果真有人来参加这样的静修营，我们可以假设他要么是冲着那句话而来，要么就是与它无关。无论如何，我们的策略就是这样。对那些诚心入营的人来说，其中隐含着一份无畏之意，去探寻隐藏于身心中的秘境、中国古代道家和禅宗大师们所谓的无为，以及真正的冥想领域，这一领域看似无事发生或者说没有太多的事发生或被完成，但与此同时，其实也没有什么重要的事情没被完成——结果就是，那份来自开放和觉察的神秘能量得以在行动的领域里以一种了不起的方式呈现。

当然，我们中的大多数人会回避自己欲望的低语，当被俗世的所作所为裹挟着向前时，我们的注意力会被带向各种不同的方向，我们变得越来越分心。当然我并不是说冥想总是容易或愉悦的，它简单，但显然并不容易。在忙碌的生活中，哪怕把一些短暂的瞬间串起来去做相对规律的正念练习也并不容易，更不用说去时时记着正念始终可以被我们触及，可以说它是"非正式地"在生命的每一个当下铺陈着。然而，有些时候，我们再也不能继续忽视这些潜藏于心的暗示了。有时候，我们会发现自己不知怎么地被拉到了自己通常不会现身的地方：我们儿时曾经生活过的地方，或是野外，或是禅修中心，或是一本书，一个课堂，一次对话，它们可能为被我们忽略很久的那部分自我提供一次机会，一次面向阳光、敞开自己的机会，一次被自己看到、听到、感受到和理解的机会，一次安住于自身的机会。

正念之旅所提供的这次冒险，可能是长久以来遭受忽视、不被关注或被否认但又确实存在的、进入你自身之存在的道路之一。正念，如我们将要看到的，会全然影响我们正在展开着的生活。同理，它有着同样的能力去影响我们所栖息的更广大的世界，这里包括我们的家庭、工作、整个社会以及作为人，我们如何看待自己。也是我所说的国家，世界，我们所有人栖息的这个星球。而这所有的一切，可以经由我们的正念练习来实现，经由那份内在与外在，存在与行为之间的交互作用来实现。

因为毫无疑问，在生命之网，以及所谓的心智之网中，我们是休戚相关的。心智是一种看不见摸不着的本质，它可以让人产生知觉和意识，把无知转化为智慧，把不和谐转化为和谐。觉知提供了一个安全的避风港，可以让我们自己恢复活力，安住于当下充满活力的和谐、安宁、创造力和喜悦中，而非处在某个遥遥无期的未来，即当“事情变得更好了”或“我们控制了事态”或“提升了”我们自己的时候。虽然听上去可能有点奇怪，但拥抱正念的能力可以让我们品尝和具身体现最深的渴望，那就是内心更大的安宁及其所伴随着的一切，尽管这似乎总是有点缥缈，但其实它离我们一直很近。

在微观世界里，平和就在此刻。在宏观世界里，平和是几乎我们所有人以这样或那样的方式所共同追求的目标，特别是当它伴随着正义，以及对我们内在的多样性的认识，对我们每个人与生俱来的人性和权利的认识时。如果作为单个个体，或是作为一个物种，我们变得更为觉醒，如果我们学习完全成为自己，如果我们安住于与生俱来的潜力之中，那么平和是可以达成的。如谚语所言："没有方法去实现平和，平和本身就是方法。"对于世界的外部景观来说如此，对于内心的内在景观而言同样如此。在某种意义上，这二者并非毫不相关。

因为正念可以被看作一种开放的、瞬时的、非评判的觉知，所以它最好经由冥想来培育，而非只经由思维或哲理。由于佛学传统提供了详尽和完整的叙述，因而正念常被描述为佛学冥想的心要。在过去的2600年间，佛学在这个星球上多种多样的文化中孵化着。我会选择在不同的场合谈谈佛学以及它与正念练习的关系，通过这样做，我们才有可能从这个非凡的传统在历史的这个时刻为世界提供的东西中获得一些洞见和裨益。

在我看来，佛教本身并非重点。你可以把佛陀当作他那个时代的天才，除了他自己的心智可供差遣外，再无其他工具，他在生老病死以及似乎无法回避的苦中探索。为了探索，他首先要了解、发展、完善、改进以及学习校准和稳定他的工具：心智。如同当今实验室里的科学家需要去发展、完善、校准和稳定仪器来拓展他们的感官。无论是使用巨型光学望远镜或无线电望远镜、电子显微镜、功能性磁共振扫描仪还是正电子发射电子扫描仪，无论是对物理现象、物理学、化学、心理学还是其他领域的探究，这样做都是为了对宇宙以及宇宙中各种关联的现象进行细致的观察和探索。

为了迎接这个挑战，佛陀和那些跟随他脚步的人开始一起探索有关心智本身和生命本质的深刻问题。他们对自我的观察带来了令人赞叹的发现。他们成功地绘制了一幅经典的人类疆域图，那与特定的想法、信仰和文化无关，而关乎我们所有人共同的思维方式。他们所应用的方法，以及那些探索的成果是普适的，与任何主义、意识形态、宗教或信仰体系无关。这些发现可以接受任何地方的任何人的检验，也可以独立地被每一个个体检验，这也正是佛陀从一开始就建议他的跟随者们去做的。

由于我练习和教授正念，所以我一再体验到，人们常常假设我是一个佛教徒。当我被问及时，我通常回应，我不是一个佛教徒，虽然我时不时地和佛学老师们在静修营中修习，并且对不同的佛学传统和修行充满了敬意和爱戴，但我只是一个学习佛学冥想的学生，并且我发现其中一些练习是如此深奥，充满启迪和疗愈力，而且也普遍适用于我们的生活[1]。它的的确确会照亮人们的生活，我不仅是在自己过去五十多年持续的练习中感受到了这一点，我也经由正念中心以及全球正念减压教师网络发现，很多有幸一起工作的其他人的生活也发生了变化。那些老师或其他人可能来自东方，也可能来自西方，他们在生活中体现出来的，源于教义和修习所本具的智慧和慈悲，依然深深地感动、激励着我。

对我来说，正念练习真的是一场爱恋。与生活中最根本的东西的爱恋，与现实的爱恋，与我们所谓真相的爱恋。对我来说，这些包含了美、未知、可能性以及事实的真相都蕴含在这个当下（因为所有的一切都已经在这里了），与此同时，所有的一切随处都是，这里可以是任何地方，正念也永远是当下，我们已经触及它了，之后还会屡屡触及，对我们来说，除了当下，没有别的时刻了。

此时和此地，所有的时刻和每个地方，为我们提供了大量的空间来一起工作，也就是说，如果你感兴趣，并愿意撸起袖管去做这份没有时间限制的工作，这份无为的工作，那么这份觉醒的工作就会在你自己的生活中得到体现，仿佛它延展铺陈在每一个瞬间。从真正意义上来说，

---

[1] 举个例子，2020年在中国出版的不可多得的罗伯特·赖特（Robert Wright）的畅销书：《洞见》（*Why Buddhism Is Ture*）。

这既是一份完全不花费时间的工作，也是需要花费一生时间的工作。

没有哪种文化和艺术形式可以垄断真或者美，大或者小。但为了我们即将在书页间和生活中共同开启的这一特别的探索，我发现引用一些特别的人的作品会对我们有所帮助并产生启发作用，这些特别的人致力于创作心灵的语言——诗歌。那些最伟大的诗人致力于对心灵、文字以及内 / 外在风景之间的亲密关系进行深入的内在探索，就如同传统冥想中最伟大的瑜伽修行者和导师那样。事实上，在传统冥想中，经由诗歌来表达瞬间的启迪和领悟并不罕见。瑜伽修行者和诗人都无所畏惧地探索着“是什么”，并且竭力守护着“可能性”。

如同所有真实的艺术那样，那些伟大的诗歌宛如明镜，使我们有可能看得更加清晰。更重要的是，伟大的诗歌可以增强我们感受痛楚的能力，感受与我们相关的自身处境、心灵和生活的能力，由此帮助我们去理解在冥想练习中我们可能需要去看以及看见什么，我们需要向什么敞开心扉。最重要的是，诗歌让我们知道在冥想练习中可能会感知和领悟到什么。诗歌起源于这个星球的所有文化和传统。也许有人会说，诗人是人类跨越时空的良知和灵魂的守望者，他们从诸多方面道出值得关注和思考的那个真相。不论身处北美洲、中美洲、南美洲、欧洲、非洲，还是身处中国、日本、土耳其、伊朗、印度；不论信仰基督教、犹太教、伊斯兰教、佛教、印度教还是信仰耆那教；也不论是泛灵论者或古典派，男性或女性，古人或今人，同性恋、异性恋或双性恋者，在合适的环境下，当我们向自身敞开心扉，可以被自己触及的时候，便会得到一份神秘的礼物，它值得我们探索、品尝和珍惜。诗歌为我们提供了一个崭新的视角，让我们可以跨文化、跨时代地了解和认识我们自己，它们提供了一些更基本的东西，比预期的或已经知道的更为人性化的东西。通过这种镜头观看到的影像可能并非总能令人感到舒服，有时甚至可能诱发彻头彻尾的不安和困扰，然而这也许是我们最需要流连的诗篇，因为它们揭示了我们心灵中变化绵延的全幅光谱以及内心涌动的暗流。

在最曼妙的时分，诗人叙说着难以言表之事，在这种时刻，他们受缪斯和心灵赋予的某种神秘恩典而化为超越语言的大师。这种妙不可言地对文字的锤炼、斟酌和提示，加之我们自身的投入，令一切都变得栩栩如生。在阅读或聆听的那一刻，我们来到诗歌里，也让它们来到我们的生命中，于是诗歌就变得鲜活、灵动起来。我们竭尽敏感和智慧与诗篇所唤醒的每一个词、每一个事件、每一刻辗转缠绵，每一次呼吸都是为了唤醒它，那满溢着灵动和艺术的每一幅意象，带着我们超越了技巧，引领我们回到自身，回到真相。

为了到达那里，我们将不时在一起阅读这四本书的旅程中停下来，沐浴在这澄澈而痛苦之水中，沐浴在人类那种不可抗拒的努力之中，渴望认识自己，提醒自己已然了知，这有时甚至正在达成，在深切友善、极度慷慨并富有慈悲的行动中达成，即便我们那样做几乎并非以此为目的。指明这一延展生命、见识和感觉的可能途径，或许能让我们因此更加感激，甚至庆幸我们是谁，是什么以及可能成为什么。

我心荡漾，
想捎给你一些消息，
与你，
与很多人有关。
看看
为了新生，有什么逝去了，
你无处寻觅，但在乔装的诗中可以。
从诗歌里很难获得新生，
而每天，仍有人悲惨地死去，
因未曾
在那里寻觅到所需。

——威廉·卡洛斯·威廉斯

外面，是寒冷沙漠之夜。

而另一夜却变得暖意融融。

就让风景被痛苦的外壳覆盖。

我们这里，有一座柔软的花园。

陆地爆炸了，

城镇，所有一切

都变成了一只焦黑的球。

我们所听到的新闻，充满了对未来的哀伤，

但这里真正的新闻是根本没有新闻。

——鲁米

第二章

见证希波克拉底的职业操守

1979 年 9 月下旬，在昏暗的光线下，我和大约 15 名患者躺在马萨诸塞大学医学中心宽敞且崭新的学院会议室的地毯上。这里刚刚开张，那是减压和放松课程的第一个周期，也是第一堂课，后来这里被称为“减压诊所”，或“正念减压门诊部”。我正在引导大家进行一段长时间的卧姿冥想，即身体扫描，此时练习进行到了一半。我们全都躺在崭新的泡沫塑料垫上，这些垫子由各种颜色的布包着，大家聚在房间的一端，以便听清我的指导语。

在一段漫长的静默中，房间的门被突然打开了，大约 30 个身穿白大褂的人走了进来。领头的是一个高大庄严的男士。他大步走到我躺着的地方，凝视着我，我穿着黑色的T恤和黑色的空手道裤子，光着脚，正在地板上拉伸身体，接着他在房间里转了转，脸上充满了古怪而困惑的表情。

他再次低头看着我，在一阵长久的停顿后，终于问道:“这是怎么回事？”我仍然躺着，班上的其他人也一样，像是尸体般躺在彩色垫子上，注意力悬浮在刚开始扫描的脚和头顶之间的某个地方，而头顶是我们要去的地方。所有的白大褂们都悄无声息地隐藏在这个威严的人身后。

“这是医院新开设的减压课程。”我回答道，依然躺在那里，困惑究竟发生了什么。他回答道:“哦，外科员工和我们所有附属医院的员工要开一个特别联合会议，为此，我们特地预定了这个会议室，有一段时间了。”

听到这里，我站了起来。我的头大概只到他的肩。我做了自我介绍，并说道:“我没想到会发生这种冲突。我与安排日程的人员反复核对过时间，以确保我和大家在接下来十个星期的周三下午四点至六点都能在这个房间上课。”

他比我高得多，上下打量着我。他穿着长长的白大褂，前面绣着蓝色的名字：H. 布劳内尔 • 惠勒（H. Brownell Wheeler)，医学博士，外科主任。他从来没见过我，当然也没有听说过这个课程。我们看上去一定蛮吸引眼球的，鞋子和袜子都脱掉了，很多人穿着汗衫或运动服，躺在学院会议室的地板上。这里站着这个医学中心最厉害的人之一，他的日程被排得满满当当，还有一个特别会议等着他[1]。如今，他遇到了完全出乎意料的事情，这件事情的主导者在这个医学中心完全没有什么地位，在这种情况下，真是极端怪异。

他又一次环顾了四周，看着地上躺着的所有人，这个时候，有些人已经撑起了胳膊肘，好看看正在发生的事情。接着他问了一个问题。

“这些都是我们的病人吗？”他一边问，一边凝视着地板上躺着的人。

“是的，”我回答道，“他们是的。”

“那我们会找别的地方开会。”他说完便转身带着整个团队离开了房间。

我感谢了他，在他们身后把门关上，并回到地板上继续我们的工作。

布劳内尔·惠勒和我就是这样相识的。在那一刻，我知道，我会喜欢在那个医学中心工作。

多年后，当我和布劳内尔成为朋友后向他提及那件

[1] 很久之后，我了解到这个会议是为了讨论和解决这个相对新的医学中心以及社区医院就结束社区医院外科住院项目，并创建一个“整合”的马萨诸塞大学的项目所造成的一些摩擦。这导致了针对马萨诸塞大学很大的憎恨。因而会议成功与否与惠勒医生的利益休戚相关，自然，对他来说在这个宜人的空间里举行会议是至关重要的。

事，并告诉他，他对医院的病人不折不扣的尊重令我印象深刻时，他并不认为这是件什么大不了的事情，这就是他的特点。无论如何，病人至上的原则容不得丝毫妥协。

到那时，我了解到他本人也练习冥想，并深深地领会到了身体联结的力量及其在转化医学中的潜力。他是减压门诊二十多年的坚定支持者。后来，他辞去了外科主任的职务，成为把尊严和仁慈带入死亡过程这一运动的领袖。几年之后，他自己不幸患上了帕金森病。在去世前的几天，应他女儿的要求，我们通过电话重新联系上了，而我独自替他和我自己进行了两个人的交谈。

那个午后，在他的生命及他在医学中心的权力的鼎盛时期，他没有动用权威来支配局势，这让我意识到自己恰恰见证了这个社会中极为罕见的事情——智慧和慈悲的展现，这也让我受益匪浅。那天，当会议室的门被打开后，他向病人所展示的敬意，正是我们在进行中的冥想练习所试图滋养的：对自己那份深厚的、非评判的接纳以及培育自身转化和疗愈的可能性。惠勒医生当天下午的宽容姿态很好地展示了其对古老的希波克拉底医学原则的尊重，这份尊重恰恰是这个世界所迫切需要的，并且胜过任何华丽的辞藻。虽然没有华丽的辞藻，但该表达的都表达了。

第三章

处处皆冥想

想象一下：在医生们的敦促下，美国乃至全世界的病人都在医院和医疗中心进行冥想、练习瑜伽。有时，甚至这些医生本人也在指导病人。医生们自己有时也会参加一些课程，与他们的病人一起做冥想。

安德里斯·克鲁斯（Andries Kroese）是奥斯陆一位著名的血管外科医生，已经练习冥想有三十年了，并且定期去印度参加内观禅修。他来加利福尼亚州参加了一次为期七天的静修，那是为想成为正念减压导师的健康工作人员开设的。回去后不久，他决定减少外科手术，用腾出来的时间在斯堪的纳维亚教同事和病人做冥想，这是他多年来的热切愿望。接着他用挪威语写了一本关于正念减压的书，他的书出版后非常受欢迎，成为挪威和瑞典的畅销书。十多年后，他依然还在坚持从事这项工作。

哈罗德·努德尔曼（Harold Nudelman），是加利福尼亚州山景城的埃尔卡米诺医院的外科医生。有一天，他打电话来介绍自己，说自己长了黑色素瘤，他担心自己活不了多久了。他说自己对冥想很熟悉，还发现冥想改变了他的生活。他回忆道，当遇见我那本《多舛的生命》之后，他意识到我们已经找到了他多年来梦寐以求的事业，并已经在实践了——那就是把冥想带到主流医学中。他说，有生之年，他想在他的医院里促成这件事。一个月后，他带着一个团队的医生和管理人员来看望我们。回去之后，他们就创建了一个正念减压课程，由一位超级棒的正念老师鲍勃·斯图尔（Bob Stahl）带领。在课程开始发展之际，他还引进了很多其他很棒的老师。二十多年之后，这个课程依然备受欢迎。哈罗德从未告诉过我，他是一位董事会主席，想在旧金山湾区打造一个正念冥想中心（最终在加利福尼亚州的 Woodacre 开设了灵磐禅修中心）。他在来访后不到一年就去世了。来访期间，我把布劳内尔·惠勒介绍给了他。后来，就在那一年，惠勒在埃尔卡米诺医院的哈罗德·努德尔曼纪念讲座上做了首个演讲。

埃尔卡米诺如今成了旧金山湾区众多提供正念减压课程的医院、医疗中心和诊所之一。在我撰写本书时，包括北加利福尼亚很多凯撒医疗系统也在这样做。凯撒医疗除为病人提供正念训练外，甚至也为医生和医院员工提供正念训练。从西雅图到迈阿密，从发源地马萨诸塞州的伍斯特到加利福尼亚的圣迭戈，从加拿大育空地区的首府怀特霍斯，到渥太华、卡尔加里、多伦多、哈利法克斯，从北京、上海到香港和台湾，从英格兰到威尔士，到欧洲的大部分地区，从墨西哥到哥伦比亚，正念减压课程正在蓬勃发展。同时在南非的开普敦、澳大利亚和新西兰都有正念减压课程。杜克大学、斯坦福大学、威斯康星大学、弗吉尼亚大学、杰斐逊医学院和其他很多美国著名的医疗中心都是在很早以前就创建了正念减压课程。现在，越来越多的科学家在开展关于正念在医学和心理学领域的应用的临床研究。21 世纪初，受正念减压的鼓舞和启发，三个认知治疗心理学家和研究者发展了正念认知疗法（mindfulness-based cognitivc therapy，MBCT）。众多的临床研究显示，正念认知疗法可以显著降低重度抑郁症的复发率。研究还显示，在预防抑郁复发上，正念认知疗法至少与抗抑郁药物治疗同样有效。该课程引起了人们对临床心理学的兴趣，并促使新一代心理学家和心理治疗师开始在自己的生活中练习正念冥想，并将正念冥想应用到他们的临床工作和研究中。

四十年前，人们难以想象冥想和瑜伽可能在学院医学中心和医院里占有一席之地甚至被广泛接受。而如今，这被认为是很正常的。人们并不认为它是替代医学。相反，它是卓越医学实践中的另一个组成部分。现在，为医学院学生和医院员工提供的正念课程越来越多，不幸的是，他们都承受着巨大的压力。

在一些医院里，甚至有一些在骨髓移植病房里教病人冥想的课程，这是一种非常高科技的、侵入性的医疗手段。这是我在减压诊所多年的同事伊拉娜·罗森鲍姆（Elana Rosenbaum）率先提出来的。在被诊断出长了淋巴瘤后，她自己接受了骨髓移植，治疗后经历的并发症简直要了她的命，而她表现出来的“临在”的品质让医生和医院员工感到惊讶，结果他们中的很多人自己学习了正念，并主动把正念教给病房中的病人。还有针对城市居民和无家可归者的课程，美国也有完全用西班牙语教授的正念减压课程。还有为疼痛病人、癌症病人、心脏病病人开设的正念课程。现在，也有了正念分娩和养育课程（mindfulness-based childbirth and parenting，MBCP），该课程是由加利福尼亚大学旧金山分校的 Osher 整合医学中心正念减压导师、助产士南希·巴达克为准父母创立的。很多病人不再等待医生提议练习正念减压或其他以正念为基础的课程了。如今，他们自己会提出想要参加这样的课程，或者自动参加这样的课程。

律师事务所的律师也正学习正念冥想，耶鲁大学、哥伦比亚大学、哈佛大学、密苏里大学、盖恩斯维尔大学，还有其他学校的法学院学生有时也在学习。我的同事，旧金山大学的法学教授罗达·麦吉（Rhonda Magee）为律师和法学专业的学生开发了富有活力的正念课程，也开发了旨在使社会身份歧视最小化的正念课程。2002 年，哈佛大学法学院召开了一场以正念、法律和替代性争议解决方案为专题的先锋研讨会，同一年，在会上展示的论文被发表在《哈佛谈判法评论》上。如今，在法律界有一股潮流——律师们自己在著名的律师事务所里教授瑜伽和冥想。在《波士顿环球报》的周日杂志封面上，一位资深律师身着西装领带，正摆出瑜伽体式中的“树式”，他面带微笑，双足赤裸，报道他的文章标题为《新的（更友善、更温和）律师》。

是什么正在恣意生长？

如上所述，商业领袖们，现在还有越来越多科技界的领袖们在参加严格的五日静修营，从每天早晨六点开始，一直修习到很晚。他们的动机是改变世界，调节他们自身的压力水平，并为商业生活和生活中的各种事务注入更多的觉察。很多先锋的学校和学校系统，如密歇根州的弗林特市正把正念课程带入小学、初中和高中。还有像正念学校（Mindful Schools）和学校中的正念这样的组织，以及丹尼尔·雷切沙芬（Daniel Rechtshaffen）为教师提供的网络正念教育培训，所有人都在做着杰出的工作，并在K12的任课老师和他们的学生身上看到了深远的效果。在运动领域，当菲尔·杰克逊（Phil Jackson）还是芝加哥公牛队的教练时，整个球队在乔治·迈福德（George Mumford）的指导下接受了正念训练。乔治·迈福德在正念中心曾经主导过我们的监狱课程，还共同创立了我们的城市正念减压诊所。杰克逊到洛杉矶担任湖人队教练的时候，球队成员也被带着练习正念。两支队伍都曾是NBA的冠军，公牛队曾六次夺冠（三次是由乔治带领正念训练），湖人队曾五次加冕（都由乔治带领正念训练）[1]。之后几年，冠军队是金州勇士队，他们也曾将正念作为赛事训练的一部分，并受到主教练，斯蒂夫·科尔（Steve Kerr）的鼓励，而他则是在公牛队获冠军期间接触到正念的。与此同时，监狱也在为囚犯和工作人员提供冥想课程，不仅美国有，英国和印度也有该课程。

某年夏天，我有机会与阿拉斯加的渔夫禅修者，如今的正念减压老师库尔特·霍尔廷一起带领一期静修，名

---

[1] See Mumford, G. *The Mindful Athlete: Secrets to Pure Performance*（Parallel Press, Berkeley, CA), 2015.

为“内在之旅”。这是一次为环保活动者提供的冥想静修。它包括坐姿冥想、瑜伽、正念行走，以及很多正念皮划艇活动。这次静修设置在阿拉斯加东南部广阔的 Tebenkof 湾荒野地区的孤立的外岛上，需要搭乘水上飞机才能到达。八天之后，当我们从旷野回到镇上时，《时代》杂志（2003 年 8 月 4 日）的封面故事正是与冥想有关的。封面故事登载了冥想对大脑和健康的效用，并做了详细描述，这表明冥想已经进入了美国的主流文化并已经被其所接受。正念冥想不再是一种边缘化的只有少数人参与的活动，或者被简单地轻视为风口。2014 年，《时代》杂志刊登了另一个有关正念和正念减压的封面故事。那时，它被“吹捧”为“正念革命”。

确实，冥想中心在各个地方如雨后春笋般冒出来，它们提供静修、相关课程和工作坊，甚至有人会在去上班的路上弯进来打坐，越来越多的人来这里学习和练习。瑜伽从未如此受人欢迎，很多人（男女老少）现在都在热情地练习。现在，又有了很多令人心动的线上正念峰会，它就在你的指尖，还有很多经验丰富和技能优秀的讲演者，也有很多很好的播客，可以帮助那些对正念感兴趣的人更深入地从不同的角度了解正念，包括神经科学、医药保健以及心理学。

究竟发生了什么？

可以这么说，作为某种文化，我们正处在觉醒的早期，向着与内心更深厚的亲密而觉醒，向着培育觉知和学着安住于止静的那股力量而觉醒。我们开始意识到，当下的力量能带给我们更大的明晰和洞见，更稳定的情绪，更深的具身体现的智慧。我们可以把它带到世界中，带入家庭、工作以及更广大的社会，带入全球领域。总而言之，冥想对我们的文化而言已经不再是舶来品了。如今，和别的东西一样，它属于美国、英国、法国、意大利或者南美诸国。它已经到来了。考虑到世界的现况和影响我们生活的巨大力量，它来得也不算太早。它可能就是（我想这样认为）觉醒、慈悲和智慧的一种“复兴”，在全球以不同的形式无穷无尽地表达自己。

再次提醒一下，请记得，冥想非你所想！

第四章

始初

从 20 世纪 70 年代早期到晚期，我跟随一位韩国的崇山禅师习禅。他的名字 Seung Sahn 在字面上可译作高山，和中国禅宗的六祖慧能所在祖庭——嵩山是同一个意思，据说慧能在那里获得了证悟。我们称他为 Soen Sa Nim（在韩语里，这是“老师”的意思），很久以后，我才发现 Seung Sahn 的意思是尊敬的禅师，在当时没人知道它的真正含义。毕竟，那只是一个名字。

他来自韩国，不知怎么地落脚在罗得岛的普罗维登斯（Providence）。布朗大学的几个学生“发现了”他，不可思议的是（但我们后来了解到，对他来说，几乎每件事情都是不可思议的），他在一家韩国人开的小店里修洗衣机。

这些学生围绕着他组织了一个非正式的小组，想要看看这个家伙究竟有些什么本事，有什么是能拿得出手的。这些小型的非正式聚会最终催生了普罗维登斯禅修中心。从那时起，几十年过去了，世界各地其他许多禅修中心也诞生了，以支持崇山禅师的教学。我从我在布兰代斯大学的一个学生那里听说了他，于是某日就来到了普罗维登斯以一探究竟。

禅师身上有些东西令人着迷。首先，他是一个禅师，无论那究竟意味着什么，他还修理洗衣机，而且看上去做得非常开心。他有一张完美的圆脸，开朗而充满魅力。他全然临在，全然是他自己，没有架子，毫不自负。他把头发剃得十分干净（他称头发为“无知草”，并说僧侣就得定期剪掉它们）。他穿的白色薄橡胶便鞋十分有趣，看起来像小船（韩国僧侣不穿皮制品，因为它们来自动物），早期大部分时间他就只穿内裤，虽然教学的时候，他会披一件灰色的长袍，还有一袭简单的棕色袈裟，那是一种由很多片布缝起来的方正扁平的衣料，从脖子上悬挂下来，直到胸口，这是中国第一批禅修者的百衲衣。在为当地韩国佛教社区主持的特殊场合和仪式上，他还有一些更出彩的衣服。

他讲话的方式非同寻常，一部分原因是他懂的英文单词较少，另一部分原因是他完全不理解英文语法。因此，他用一种支离破碎的英式韩语，把他的观点以一种不可思议的方式表达了出来，它的语言带给听众一种令人惊叹的新鲜感，因为我们的大脑从未听过那样的东西，所以无法以常规的方式对所听到的东西进行加工。在这种情况下，通常会发生的是，他的很多学生也开始以同样的方式讲话了，用破碎的英语，对彼此说着诸如“就往前走，不要检查你的心智”“箭头已经朝下了”“放下它，请放下它”以及“你已经理解了”，等等。这对他们来说是可以理解的，但对任何其他人来说简直不可思议。

禅师高约 178 厘米，不瘦也不胖，可能用敦敦实实来形容他最合适不过了。他看起来不老，但应该在四十开外。据说他在韩国很有名并且极受尊重，不过显然他选择了来到美国，并把他的教学带到禅修生机勃发之处。在 20 世纪 70 年代初，美国的年轻人自然而然地对东方的冥想传统怀着很大的热情，而他则是 60 年代和 70 年代那一大波从亚洲来到美国的冥想老师之一。如果你想逐字逐句地领会一下他在那个时期的教学，可以读读斯蒂芬・米切尔（Stephen Mitchell）写的《将灰烬撒在佛陀身上》（*Dropping Ashes on the Buddha*）。

禅师在开始公开演讲的时候，通常会在手边摆一根“禅棍”，这根禅棍由粗糙扭曲的枯树枝制成，被磨得锃亮。当他望向观众的时候，有时会把下巴倚在上面，然后把禅棍垂直，高举在空中，超过头顶，并大吼一声：“你们看到这个了吗？”回应他的只有长时间的沉默和困惑的表情。接着他会把禅棍直接摔到地上或前方的桌子上，这将带来一声巨响。“你们听到这个了吗？”仍是长久的沉默和更加困惑的表情。

然后，他会开始说法。通常他不会解释那段开场白的含义，但信息慢慢地变得清晰了，这可能只有看过他一次又一次这样做之后才能领悟。从禅宗或冥想或正念的角度来看，没有必要把事情弄得这么复杂。冥想的目的并非发展出一套有关生活或者心智的精致哲学。它与思维毫不相干。它关乎如何让事物至简。当下，此刻，你看到了吗？你听到了吗？当“看见”“听见”都无修无饰之际，便是初心乍现之时，远离所有的概念，包括“初心”这个概念。它已经在这里了。它已经是我们的了，确实，它不可能丢失。

如果确实看到了那根棍子，是谁看到了？如果确实听到了那一击，是谁听到了？在那个“看见”的最初一刻，就只是看见，在思维进入之前，在大脑开始产生如下想法之前，比如：“我纳闷他是什么意思？”“我当然看见了那根棍子。”“那根棍子挺厉害的。”“我从来不曾看到过那样的一根棍子。”“我好奇他是从哪里弄来的。”“可能是韩国。”“能有那样的一根棍子挺好的。”“我知道他在用那根棍子做什么了。”“我很好奇，别人也这样做吗？”“这有点酷。”“哇！”“冥想太抽象、太难懂了。”“我真的可以这样子跟随着。”“很好奇我穿那样的袍子看起来会如何。”

或者，当你听到那一声巨响的时候，你可能会想：“这真是一种特别的开场白。”“当然，我听到了声音。”“他觉得我们是聋子吗？”“他真的敲了那张桌子吗？”“他一定在桌上留下了很深的印记。”“那真是一记重击。”“他怎么能那样做呢？”“难道他不知道那是别人的东西吗？”“他在意吗？”“他究竟是哪种人？”

那就是整个事情的关键。

“你看到了吗？”我们从不仅仅是看到。

“你听到了吗？”我们从不仅仅是听到。

想法、阐释以及情绪如此迅速地尾随着所有体验纷至沓来（而期待甚至在体验之前就开始升起了），以至于在那个看见和听见的原初时刻，很难说我们真的在“那里”。如果是，那应该是在“这里”，而非“那里”。

相反，我们看到的是概念，而不是那根棍子。我们听到的是概念，而非那个声响。我们的评估、判断、跑题、分类，以及我们的情绪化反应，这一切发生得如此之快，以至于那个纯粹的看见、听见的原初时刻失落了。对于那一刻，至少可以说，我们的心智失落了，感受也失落了。

当然，那个不觉察的瞬间也影响了后来之事，故而我们往往会继续迷失，在很长一段时间内陷入自动思维和感觉的模式中，自己甚至对此毫无觉察。

因而，当禅师问“你们看到这个了吗，你们听到这个了吗”的时候，并不是像乍一瞥时那么无足轻重。他是在邀请我们醒来，从自我陶醉的梦中醒来，从我们无尽的故事中解脱出来，这些幻梦和故事让我们与此刻发生之事拉开了距离，而这些此刻叠加起来被称为生命。

第五章

奥德修斯和盲人先知

为了让某人清醒地认识到事物的本来面目，我们有时会对其说“放理智些吧”。但是，通常（你可能已经留意到了）人们并不会认为当自己请求那些人这样做时，他们就会奇迹般地变得明智。（当我们请求自己的时候，我们其实也做不到。）此时，对他们自己、对当下的处境以及其他一切来说，他们可能需要一次大修，有时是挺大的一次调整。那如何做到呢？有时需要一次健康上的危机来唤醒我们——如果我们还未死于其手的话。

我们说“他失去了理智”，意指他已经脱离了现实。在大多数时候，重新回到现实并没有那么容易。当你已经那般偏离的时候，你从哪里着手呢？如果整个社会或整个世界都失去了理智，以至于每个人只盯着大象的一部分，没有人看到整头大象的时候怎么办呢？与此同时，那头“大象”正在变成一头疯狂的怪兽，我们陷入了不愿看到，也不愿说出真相的境地，就像是那些围观的市民，看着皇帝身着那套看不见的“新装”。

事情的真相是，如果不进行相关的练习，那么我们很难实现感官觉醒。通常，我们几乎不怎么练习。当谈及我们的感官时，我们很难说它们是完全正常的。对于需要感官去参与的与身心层面的关系，我们已经无法正常认知了。我们意识不到这些身心现象与感官共生，由感官提供信息，并被感官塑造。换句话说，当谈及感知和觉知，向外或向内或者向二者开放时，我们完全是不正常的。当我们反复练习专注力时，就如同肌肉锻炼一般，我们会重新恢复正常。通常，我们在练习时会遭遇相当大的内在阻力，但那些经由练习变得更加强健、更加灵活的东西比肱二头肌要有趣得多。

在大多数时候，我们的感官，当然包括心智，都在欺骗我们。它们用惯性的力量，以及这样一个实际情况来蒙骗我们，即感官并不是被动的，它需要许多不同脑区进行协同、积极地评估和阐释。我们能看到我们看到的能力和能够被看到的事物之间的关系，但我们极少把“看到”觉察为关系。我们相信，自己所思考的东西就是眼前的那个东西。然而，实际上那份体验在被你觉察到以前已经经过了各种无意识的思维结构和某种神秘的方式的加工——我们似乎活在一个可以通过眼睛看到万事万物的世界里。

所以我们能够看见一些事物，但与此同时，我们可能并没有看见那些对我们的生活最为重要和与其最相关的事物。这种习惯性地看到意味着我们在以一种非常有限的方式看到，或完全没有看到，有时甚至没有看到在眼皮底下发生的事情。我们用自动导航的模式看到，认为所见的奇迹是理所当然的事情，以至于它不过成了例行公事中的一部分，不需要被确认。

我们可能有孩子，却常年没有真正地看见他们。因为我们仅仅“看见”了自己对他们的看法，而这些看法会受到我们的期待或恐惧的影响。对其他所有的关系都是如此。我们生活在自然世界中，但很多时候，我们并没有去留意它，错过了阳光照在某片树叶上，或者错过了所在城市里的窗户或者车窗折射出的有趣的影像。通常我们也没有感受到自己正在被他人看到和感知着，包括自然界中的野生动物（如果你在雨林里待上一晚，就会知道得更多），而且它们看待我们的方式可能与我们看待自己的方式非常不同。

也许我们人类如此广泛存在的无知正是荷马在西方文学

传统之初，即公元前800年，叙说《奥德赛》(*The Odyssey*) 的一个原因。在《奥德赛》中，奥德修斯去冥界边境向忒瑞西阿斯了解自己的命运，以及自己需要做些什么才能安返故里。因为忒瑞西阿斯是位盲人先知，任何时候，当一个“盲人先知”出现的时候，你就会知道事情将变得更为有趣、更为真切。荷马似乎在告诉我们，真正的看见超越了功能正常的眼睛。事实上，一双好眼睛有可能成为寻访个人之道的障碍。我们必须学会如何超越自身惯性和特有的选择性失明去看。奥德修斯身上的傲慢和狂妄的产物，那既是他的长处也是他的短板，因而是一份无可比拟的礼物，值得我们去思考和学习。[㊀]

我们非但看不到此地有何物，还常常会看到子虚乌有之物。眼睛多会捏造事实啊！心智会添油加醋。这一部分归功于我们极具创意的想象力。还有一部分归功于我们的

㊀ 确实，忒瑞西阿斯预言了奥德修斯在他生命末期的第二次征程，这是一段孤独的旅程，没有战士们随行，这是一段指向内在的隐秘征程。他肩上扛着一支桨，直到最后，一个从未见过大海的陌生人问他：“你肩上扛着的是风扇？”在古代，风扇被用于把麦子和麦麸分离开来，在此处，它是卓越的洞察力的象征，那是奥德修斯在旅程结束时将会得到的智慧，妻子的求婚者们被击倒了，他重建了自己的王国。他后期的这次内在之旅是由盲人先知所预言的，荷马也再未提及。海伦·卢克 (Helen Luke) 斗胆写出了荷马从未讲过的故事，它暗示着年迈之人将迈向智慧与内在平和之旅，这也是与神和解之旅，而正是我们的无知和自负得罪了神。

神经系统的结构。在下面的图中，你是否能看到一个三角形呢？这叫作卡尼莎三角（Kanizsa triangle）。崇山禅师会说："如果你说有，我会杖你（用他的禅杖）三十下（他并没有真的这么做，但在中国古代，禅师们确实会）。如果你说没有，我也杖你三十下。那你还能做什么呢？"他没有用卡尼莎三角，而是用他手边的任何一样东西。"如果你说这是/不是一根棍子，一个杯子，一只手表，一块石头，我会杖你……你能做什么呢？"这确实在教我们不要执着于形式或空性，或者至少不要把执着表现出来。但尽管如此，很多时候我们自己还是会执着，一路上跌跌撞撞，希望在这个过程中学会成长，从关心变成表面上的漠不关心。

众所周知，当说到用眼睛观察的时候，我们会优先看到某些东西而错过另一些东西，哪怕它们正在瞪着我们。而且，我们很容易习惯性地用一种方式去看，而难以用别的方式去看。技艺灵巧的魔术师总能利用我们的选择性失明。他们的艺术就是巧妙地转移我们的注意力，引发惊奇，使感官支离破碎。

更为普遍的是，基于不同的信仰体系和取向，不同文化中的人们对同一事件可以有非常不同的看法。他们经由不同的心理透镜来看事物，因而看到了不同的现实。没有什么是全然真实的。大多数事物都只是在某种程度上是正确的。美国人是伊拉克的解放者还是压迫者？留意你的言辞。我们会在多大程度上只执着于一个观点，那个观点可能只是部分真实。

有时我们所有人都会习惯于陷入非黑即白的思维，变得绝对化。这让我们感觉更好、更加安全，但这也极易使人失去判断力。这是好的。那是坏的。这是对的。那是错的。我们很强大。他们很弱。她很受欢迎。他令人头疼。我是废物。他们是疯子。他永远都无法从中成长。她如此麻木。我永远都没法这么干。根本停不下来。

所有这些陈述都是想法，它们往往会歪曲和限制人们的观点，即便它们部分是真实的。因为在大多数情况下，现实世界中的事物只在某种程度上是真实的。高个子并不存在。一个人只是在某种程度上看起来高大。也没有什么聪明的人。一个人只是在某种程度上看起来聪明。因此，我们那些非黑即白的思维很快就会导致僵化和有局限性的评判，而这种评判通常会反射性地、自动地、不假思索地涌现，常常会削弱我们排除万难抵达“家”的能力。相反，明辨与评判不同，它引导我们去看到、听到、感觉、理解无尽的细微差别，在黑白、好坏之间的灰色区域。我们称此为“智慧明断”，它可以让我们看到不同的空间，并通过不同的开放性来观察和导航，而快速反应的评判会把我们置于根本看不到这些机会的危险之中，使得我们错过现实世界的全部谱系，进而致使我们不假思索地忽略了各种可能性。

整个数学和工程学领域都建立在一个复杂的分形模式上：这个世界处于全然这种模式和全然那种模式之间，这叫模糊数学。有趣的是，你越多地关注事物的各种维度，你的心智会变得越清晰，而非越模糊。当我们对正念的探索变得越来越深入时，记得这一点将会很有帮助。南加利福尼亚大学的巴特·科斯克（Bart Kosko）在他的《模糊思维》（*Fuzzy Thinking*）一书中指出，零和一、黑和白的世界是亚里士多德所阐述的世界，他还在西方文化中首次描述了五感。而所有层次的灰色，以及零和一，都是佛陀所阐述的世界。那么，哪一个有关世界的模式是对的呢？

小心！

苹果可以是红的、绿的或者黄的。但如果你仔细看，它们只在某种程度上是红的或绿的或黄的。有时候，会有或大或小的其他色块或色斑混在其中。没有一个自然界的苹果会是全红或全绿或全黄的。冥想老师约瑟夫·戈尔茨坦（Joseph Goldstein）讲述了这样一个故事。一位小学老师举着一个苹果问她学生："孩子们，这是什么颜色？"很多孩子说是红色的，有的说是黄色的，有的说是绿色的，但有一个男孩说："白色。""白色？"老师问，"为什么你说是白色的？你明明可以看到它不是白色的。"就在那个时候，男孩走到老师桌前，咬了一口苹果，然后举着让老师和同学们看。

戈尔茨坦也很喜欢指出，天空中并没有一种被叫作北斗七星的星象，只是从特定的角度来看，这些星星连起来像一个斗杓。但在漆黑的夜空，它看上去确实像个大的斗杓。而这个非－北斗七星依然可以帮助我们找到北极星，并跟随它的指引。

在进一步阅读之前，请暂停一下，仔细观察下面这幅图画。你看见了什么？

有些人看到的是一个老妇人，而且只看到了一个老妇人。有些人看到的是一个年轻女子，而且只看到了一个年轻女子。究竟是哪一个？如果，在展示上图之前，我先向一半观众很快地闪一下 70 页左边的画，哪怕只有五秒钟，而另一半观众闭着眼睛，然后再向这一半观众闪一下 70 页右边的画。那些看了左图的观众比另一半观众更可能看到上图中的年轻女子。看了右图的观众更容易看到上图中的老妇人。一旦建立了这样的模式，即使观众再盯着看很长时间，也很难看到另一个，除非两个模糊的画像他们都看到了。

接着看看安东尼·德·圣–埃克苏佩里（Antoine de St.-Exupéry）写的奇妙的幻想故事《小王子》（*Le Pet Prince*）。

当我六岁的时候，我曾经在一本书里看到了一幅有关森林的图片，名为《真实的故事》(*True Stories*)。它展示的是一条蟒蛇在吞一头野兽……

书中写道："蟒蛇会把猎物整个吞下去，不加咀嚼。之后，它们就无法动弹了，它们在消化的六个月时间里，都在睡觉。"

在那些日子里，我总是想到丛林探险，最终，我用一支彩笔画了我的第一幅画。我的第一幅画看上去是这样的。

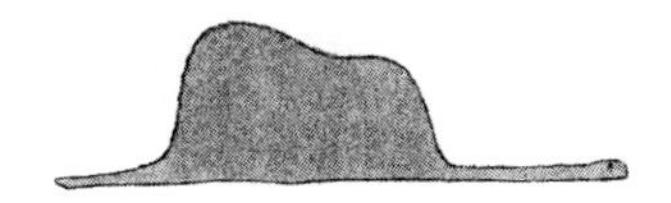

我向大人们展示了我的杰作，并问他们我的画有没有吓到他们。

他们回答："为什么要怕一顶帽子呢？"

我的画并不是一顶帽子。这是一幅讲述一条蟒蛇在消化大象的图。接着，我画了蟒蛇里面的样子，这样大人们就可以理解了。他们总是需要解释。我的第二幅画看上去是这样的。

大人们建议我把画蟒蛇的事放一边去，无论是画外面

还是里面，都应该投入到地理、历史、算术和语法的学习中去。于是我在六岁时放弃了成为一个艺术家的想法。我的第一和第二幅图的失败让我十分受挫。大人们自己永远都无法理解任何事情，而要孩子们一遍又一遍解释真是太耗神了。

因此要做到感官觉醒，或许我们需要发展和信任内在的能力，去超越表象看到现实更加根本的维度。如忒瑞西阿斯那样，虽然双目已盲，但他却可以看到对奥德修斯来说什么是重要的，什么是他所体现出来的，而奥德修斯虽然实际上并非盲者，却无法明辨他最需要看到和了解之事。这些看似隐匿的崭新维度可能帮助我们觉醒，去体验整个世界的所有维度，挖掘自我理解的潜力，并找到存在的方式，找到利己利人也助益世界的方式，并召唤出我们最深层、最美好、最富有人性的东西。

我的内在，请聆听我，最伟大的灵魂，

导师，近了，

醒醒吧，醒醒吧！

奔向他的双足，

此刻他站得离你的头顶很近

你已经沉睡了数百万年。

为什么不在今早醒来？

——卡比尔

第六章

不执着

有一个笑话，大致内容如下：

你有没有听说过佛教吸尘器？

你是在开玩笑吧？究竟什么是佛教吸尘器？

你知道的！不执着！

人们可以完全领会这一笑话，这个事实表明，佛教禅修的核心信息已经找到了进入我们文化的集体心理的路径了。在我的童年时期（20 世纪 40 年代和 50 年代），这种文化心理的拓展程度是不可能的，甚至是不可想象的。卡尔·荣格曾提到过用西方思维方式来理解禅的潜在困难，尽管他自己对禅修的目的和方法抱着最高的敬意。

不过，变化已经发生了，可能早些时候荣格对此的恒久兴趣就是此刻所展现着的一切，既是象征性的，也是工具性的。而他可能还是会震惊于正念和佛法的智慧对主流社会的巨大影响力。

历史学家阿诺德·托因比（Arnold Toynbee）曾评论道，佛学到达西方将会被看作20世纪最重要的历史性事件。鉴于百年来各种重要事件层出不穷，这一断言令人惊讶，这些重要事件包括所有人类加之于彼此头上的未曾表述的痛苦。他的断言是否正确还需拭目以待。有可能还需要至少另一个百年后的视角，才能以丰富的信息为基础，做一个评估，那已经算是大胆的了。但在这方面，有些事情显然正在发生。

无论如何，现在人们能够领会吸尘器的笑话，并且很多人能在《纽约客》等这样的地方找到有关冥想的漫画。这里就有一则。

两个穿着僧袍的和尚显然刚打完坐。一个转向另一个。标题是："你在想我所想的吗？"

文化正在追赶有关冥想的某种潮流。而它也绝不局限于高端文化。我们经常可以在口香糖包装纸上的连环画、电影、地铁通道的广告、杂志和报纸上发现它。现在，内在平和已经被用来兜售几乎所有东西，从温泉度假到新车，从香水到银行账号。没有人说这是一个好东西，但是当我们在某种程度上觉察到这种追求的承诺和现实情况时，这些现象确实提示着有些东西在改变。当然，我们也更多地觉察到人们为了促销一个产品而无所不用其极的能力。

很多年前，一个年轻的病人给了我一打画有连环画的口香糖包装纸，连环画旁边附有如下对话。结合文字，你可以自己想象一下图片可能是怎样的。

“你在忙什么，莫特？”

“我在练习冥想。几分钟后，我的大脑将变得完全空白。”

“哦，我以为它生来就是如此。”

冥想是为了让大脑空白是对冥想彻底的误解。即便如此，无论人们认为它是什么，冥想已经在西方文化中了，这是前所未有的。在过去的 40 年里，某件意义深远的事情发生了，而它的种子如今在四处发芽。它可以被称为“佛法西传”。你也许不熟悉“法”（Dharma）这个字，或者此刻你觉得它传达的意思有点模糊，请放心，我们会在第二部分进行详细的探索。现在，容我做些简单说明，它既指佛陀的正式教义（Dharma，带着大写的 D），也是描述事物本相，观察与了知心之本质的伦理和内在的法则（dharma，带着小写的 d）。

佛陀曾经说他所教授的核心信息（他持续教学超过

45年）可以总结成一句话。如果情况确实如此，那么承诺把这句话铭记在心就挺好的。你永远都不会知道它何时会派上用场，即使在此之前，它对你并没有什么用。那句话是：

一切与“我”相关的事物都是虚幻的。

换句话说，不执着。尤其是对你自己和你是谁的固有观念。

一开始这是一个难以接纳和消化的信息，因为它会质疑我们所认为的自己，这个自己在很大程度上来自自我的认同，我们认同自己的身体、想法、情感、关系、自我价值、工作，认同对什么“应该”发生的期待，认同事情“应该”如何进行的想法，也认同何为幸福，我们从何而来，去向何方以及我们是谁的故事。

“不要过快地反应。”一开始佛陀的告诫甚至可能会让人觉得有点害怕，或是愚蠢，或者与自己不相干。这里的关键词是“执着”。理解执着意味着什么至关重要，这样我们就不会误解，认为这个禁令是要我们否定自己所珍视的一切。事实上，它是一份邀请，邀请我们进入更广大的接触，进入直接的、活生生的接触，与我们心中爱着的所有人，以及所有对生而为人来讲，对我们的幸福而言最重要的一切，身体、心智、心灵，无论你想用什么语言。这也包括那些棘手之事或需要妥协之物——人类境遇中自带的压力和痛苦，或早或迟，这些压力和痛苦会以这样或那样的方式出现在我们的生活中。我们对想法（关于我是谁）的那种执着可能阻碍了我们全然地生活，同时严重阻碍了我们去实现自己，成为本真的自己，那个重要的和可能的本真部分。有可能，由于我们执着于以自我援引的方式去看、去存在，执着于使用人称代词："我"（I）、"我"（me）和"我的"（mine），所以我们习惯了不加审慎地执着于非必要的东西，却始终忽略或忘记了必要的（根本的）东西。

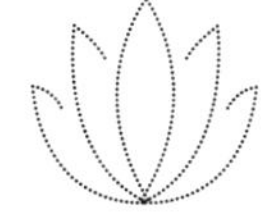

第七章

鞋子的起源：一个故事

这是一个古老的故事，讲的是鞋子是怎样被发明出来的。

很久很久以前，有一位公主，一天散步时，脚趾不小心磕到了路面上突起的树根。她气呼呼地去见宰相，一定要他起草一份法令，宣布整个王国的地面都应该用皮革铺起来，这样就再也不会有人（特指脚趾）受伤了。宰相知道，为了取悦自己的女儿，国王什么事都愿意干，所以国王可能真的会扛不住，去用皮革铺满整个国土。这样一来，问题是解决了，公主也开心了，也免得每个人的脚趾受罪，不过这会在很多方面都造成严重问题，更别提巨额开支了。

宰相绞尽脑汁地思考着，突然灵机一动，回答道："我有办法了。与其把整个王国覆上皮革，公主啊，我们何不把皮革裁剪成尊足的形状，然后量身定制地缝起来？这样，无论您去哪里，双足与地面接触的部分都会得到保护，我们既不需要花掉太多费用，也不用舍弃这可爱美好的大地。"公主对这条建言很是满意，于是鞋子就被带到了这个世界上，也避免了很多蠢事的发生。

我觉得这个故事很迷人。这个貌似简单的童话向我们揭示了有关心智的几个深刻的洞见。首先，会发生一些让我们觉得"嗔恨"和"忿恚"的事情，这是在一些传统中喜欢用的两个词，我觉得，虽然它们听起来有点怪，但是在事情不能如我们所愿时，它们确实能够准确地描述我们的情绪。我们磕痛了脚趾，我们不喜欢发生这种事。在那个当下，确实会感到嗔恨，感到受挫，并陷入厌恶情绪中，甚至可能说："我恨我的脚趾被磕痛了。"就在那个当下，我们搞出了一件事，把它变成了一个问题，通常是"我的"问题，然后这个问题需要一个解决办法。如果不当心的话，这个解决办法可能远比问题本身更糟糕。其次，智慧提示我们，问题的解药要敷在那个接触点（point of contact）上，敷在那个接触的瞬间。为了保护脚趾免受伤痛，我们在脚上穿戴防护物，而非出于无知、欲望、恐惧或愤怒去覆盖整个世界。

我们同样得警惕由一个简单的感官印象引发的复杂的、常常令人烦恼或迷惑的想法和情绪的级联反应。在与感官印象接触的瞬间，我们可以通过把我们的注意力放在接触点上来防范这种级联反应。这样，当我们在看的时候，眼睛就能与瞬间所见保持接触。下一刻，各种各样的想法和情感喷涌而出："我知道那是什么""那太可爱了""我更喜欢这个而不是那个""我喜欢它会保持这个样子""我希望它会消失""为什么在这个时刻要让我烦恼，阻碍我，让我困惑呢"，等等。

客体或处境就只是客体或处境。我们是否可能带着开放的注意力，在每一个看见的当下，带着觉知去看到引起想法和情绪级联反应的那个触发，看到在那个初始的触发后纷至沓来的喜恶、评判、愿望、记忆、希冀、恐惧和恐慌，正如夜晚随着白天而至。

如果我们能够做到，哪怕只是一个瞬间，我们就单纯地安住于看见眼前之物，谨慎地把正念运用于那个接触的瞬间，对那些随之而来的想法和反应我们应该保持警觉，了知那个被释放的想法和反应是愉悦的、不愉悦的或者中性的（并选择不被它裹挟），无论它具有怎样的特征。相反，我们要允许它本真地呈现，如果是愉悦的，也不需要去追逐它，如果是不愉悦的，不需要去拒绝它。在那个瞬间里，我们可以真切地看到那份嗔恨能够被化解，因为它们只是被当作头脑里升起的心理现象。在接触的当下应用正念，就在那个接触点，我们可以安住于纯粹看见的那份开放中，而不被我们高度制约的、反应性的、惯性的思维或在情感领域中的扰动所裹挟，否则只会给心智带来更大的扰动和不安，剥夺我们理解真相或有效和真实地回应这种扰动的机会。

因而，正念就像我们的鞋子，保护着我们免受因自身习惯性的情绪反应、健忘和无意识伤害而造成的后果，而这些都来自我们认不出、不记得以及做不到安住于此刻自身更深层的本性中，任一感官印象都是从这一本性中升起的。

在那一刻以那种方式使用正念，在接触点上，在感官印象升起本身中，我们看见的本质，我们看见的奇迹，就可以自由地成为它本来的样子，心智的本质也不会被扰乱。在那一刻，我们将免受伤害，不被各种概念束缚，不受各种执着的限制。我们只是安住在对我们所看到、听到、闻到、尝到、感觉到或想到的事物的了知中——无论它是愉悦的、不愉悦的还是中性的。以这种方式把正念的时刻串起来，渐渐地，我们就越来越能够安住在非概念化的、更加审慎的、更加无拣择的觉知中，成为觉知到的觉知，成为觉知的开阔和自由。

这双廉价的鞋子还真不错呢。

事实上，这双鞋子并不便宜。它的价格无法估算，价值也不可估量。它甚至求购无门，只能由我们的痛苦和智慧剪裁而成。它完工了，正如 T. S. 艾略特（T. S. Eliot）所言："所费不啻所有。"

第八章

冥想不是你想的那样

有人对冥想存有一些常见的误解，在一开始做一些澄清可能是件好事。首先，冥想应当被认为是一种存在之道，而非各种技术的集合。

我再说一遍。

冥想是一种存在之道，而不是一种技术。

这并不意味着没有与冥想练习有关的方法和技术。有。事实上，这样的方法有几百种，而我们会对其中一些善加使用。然而，如果不理解所有技术都是指向存在方式的工具，指向与当下、个人的心智和体验相关的存在方式的工具，我们就很容易迷失在工具中，误入歧途。但完全可以理解的是，我们可能试图经由这些工具到达某处，体验某些殊胜的状态，我们以为这些是练习的目的。我们会看到，这样的导向会严重阻碍我们理解冥想练习的丰富性以及它能给到我们的东西。因此，牢记冥想是全然存在之道，是看见之道，是领悟之道，甚至是爱之道这一点将会是非常有帮助的。

其次，冥想并不是放松的另一种说法。或许我应该再说一遍：冥想并不是放松的另一种说法。

那并不意味着冥想不会伴随着深切的放松和相对较高的幸福感。当然，冥想的确有这样的功效，或者有时可以这样。但正念冥想是在觉知中拥抱所有的心智状态，不失偏颇。从正念练习的角度来看，身体疼痛或精神痛苦，无聊或不耐烦，困扰或焦虑，或是身体的紧张感，如果它们在当下出现，就都能成为我们关注的对象。如果我们有时无法感觉到放松、平静或愉悦，这并非表明冥想练习不“成功”。相反，每一刻都是极好的机会，都可以带来洞见和学习，可能还有解脱。

可以说，冥想其实是一种在每一刻及任何一刻与我们的境遇和谐相处的方法。如果过分纠结于头脑，那么，我们就无法恰到好处地临在，甚至完全无法临在。我们会在不知不觉中把某种计划带入自己的言行或思考中。

如果我们开始训练自己变得更加正念，那并不意味着头脑里就不会有繁杂纷乱的东西冒出来，多的是混乱、不安、痛苦和困惑。这些都是很自然的。这是心智的本质，也是我们生活的本质。但我们不需要被这些东西困住，或者就这样陷入其中，让它们蒙蔽了我们对全局的观察能力，乃至看不到正在发生什么，看不到自己需要什么（或者看不到其实我们对正在发生之事和自己所需之物一无所知）。不执着及随之而来的明见，且无论此刻呈现何种情况都做出适宜回应的意愿组成了这种存在之道，我们称之为冥想。

多数对冥想知之甚少的人都只是从媒体上了解了一些信息，然后他们就会抱着这样一种想法，即冥想根本就是一种刻意的内在操纵，这就好像在你的大脑里安上了一个开关，瞬间便能让你的大脑完全空白。不再有想法，不再有忧愁。你被带入了“冥想的”状态——深度的放松、平和、宁静和洞见，通常和大众头脑里的“涅槃”这个概念相关。

这种提法是一种严重的误解，即使它完全可以被理解。冥想练习可以充满着时时到访的想法、担忧和欲望，以及任何其他精神状态和痛苦。重要的是，我们能够觉察到那些内容，更重要的是觉察到那些促使其展开的因素，以及这些因素是如何解放或囚禁我们的（每时每刻，年复一年）。因此，我想说清楚，我们并不是要去达成或者获得什么“正念状态”。我们是去发现自己在任何一刻所处的任何状态，包括愤怒、恐惧或忧伤，这些都可以被抱持在觉知中，作为那一刻现实中的一部分被看到、遇见、了解和接纳。

虽然，冥想毫无疑问可以带来深度的放松、平和、安宁、洞见、智慧以及慈悲，但“涅槃”（nirvana）这个词实际上是指一种重要的可验证的人类体验维度[㊀]，而不仅仅是须后霜或者豪华游艇，它从来都不是某个人所以为的，任何人的想法都永远不是一个完整的故事。不过，有时候甚至冥想者自己都会忘记冥想并不是要试图抵达某个特殊的地方，并且渴望或力争某个特定的结果以满足我们的欲望和期待。即使我们知道得“更多”，这种想法有时依然会冒出来，这时我们就需要重新提醒自己放下这些概念和欲望，把它们看作和头脑里升起的其他想法一样，记得不要执着于任何东西，我们甚至可能看到这些想法本质上是空洞的，只是我们所谓“欲望心智”的虚构，尽管可以理解。

另一种常见的误解是：冥想是某种特定的掌控一个人的想法或使某人拥有某些特定的想法的方法。虽然这样的理念也有一定的道理，因为确实有一些特定形式的语诵冥想是以培育特定的品质为目的的，譬如慈心和舍心（平等

㊀ 这个词实际上的意思是“熄灭了”，如同一场大火彻底燃尽。当“自我”和欲望完全熄灭时，它们便不再复燃，换句话说，那就是涅槃。

心），积极的情绪如喜悦和悲悯，但是对冥想的看法常常让练习变得比实际需要的更困难，也妨碍了我们如实地体验当下和敞开心怀。

冥想，尤其是正念冥想，既不是去摁一个开关，把你发送到哪里去，也不是欣然接受特定的想法，同时摒弃别的一些想法，也不是让大脑空白或期盼着平静或放松。它实际上是一种内在的姿态，让心灵和心智（被当作有机的整体）朝向对当下全然如实的觉知，接纳发生着的一切，无论是什么，只是因为它已经发生了，而不把它个人化。或者说冥想是留意到你有多把它个人化，甚至把这份了知也抱持在觉知中。在心理治疗中，这种内在的取向有时被称为“全然接纳”。无论如何称呼，以这种取向处理我们的体验是一项艰苦的工作，极其艰苦，尤其当所发生之事与我们的期待、欲望和幻想不符的时候。我们的期待、欲望和幻想似乎俯拾即是，无穷无尽。它们会影响到所有的一切，有时是以某种非常微妙而隐匿的方式，特别是当这些期待、欲望和幻想是和冥想练习以及“进步”和“成就”等问题有关时。

因而，冥想不是试图抵达别处，它允许你自己就在所在之处，做真实的你，也让世界就是它此刻的样子。这并不那么容易，因为如果我们待在思维的回音室里，总有一些东西可以被理所当然地挑剔。因此，让身心安住于事物的本来面目中，哪怕只是一瞬间，往往都会有巨大的阻力。如果我们是在做冥想练习，这份阻力可能变得更为复杂，因为我们希望通过冥想，我们可以让事情变得不同，改善我们自己的生活，并为改善世界的处境做出贡献。

然而，这并不意味着想引发积极改变，想让事情不同，想改善生活和世界的处境的强烈的愿望是不合适的。那些都是非常现实的可能性。只是经由冥想、坐下并沉静下来，你就可以改变自己和世界。静坐，就是一种四两拨千斤的方式，事实上你已经在这样做了。

悖论是，只有当你不被自我妨碍，全然舍弃自我，相信事物的本来面目，不逐一物，特别是不去追逐那些思维的产物时，你才能够改变自己和世界。爱因斯坦曾十分中肯地说："当今世界所存在的问题是无法从创造出它们的思辨层面来解决的。"这意味着，我们需要去发展和优化自己的心智能力以看到并了知，认识并超越任何因失察而制造或复杂化的动机、概念以及习惯，实际上我们常常被卷入这些动机、概念和习惯。心智以全新的方式去了知并看到，被不一样的动力激活。这和我们所谓需要回到本初的、未被触及的并无拘无束的心智是同样的意思。

我们该怎么做呢？恰恰就是花点时间来摆脱自己的困境，不要妨碍自己，而是走到思维之流以外，坐在岸边，在思维之下安住片刻。如同崇山禅师喜欢说的那样："在思考之前。”那意味着你要安住于当下，并信任自己最深刻、最美好的部分，即便这样做对你的心智没有任何意义。你远远不只是你自己的想法、主张以及意见的总和，还包括你对自己和世界的认知以及你告诉自己的关于这一切的故事和解释，就沉入到当下单纯的体验中，这恰恰就是沉入你所希望培育的那些品质中——因为它们都来自觉知，而当我们停止想要到达某处或拥有某种特殊感觉，允许自己就在此处，允许自己的任何一种感受出现时，我们就坠入了觉知。觉知本身就是老师、学生和功课。

因而，从觉知的角度出发，任何一种心智模式都是冥想模式。愤怒或忧伤与热情或欣喜同样有趣、有用、有价值，而且它们都比空白、无觉知和脱离现实的大脑更有价值。愤怒、害怕、恐惧、忧伤、憎恨、不耐烦、热情、欣喜、困惑、怀疑或昏睡，事实上，如果我们能够停下来，观察，并聆听的话，那么所有心智状态和身体状态都是更好地了解自己的机会。换句话说，如果我们能做到感官觉醒并与每个当下的觉知中所呈现的一切保持密切联系，我们就不必再另有所为，这令人惊讶且看似有违直觉。当我们不执着于让某些特别的事情发生的时候，或许就能意识到那些特别的事情已经发生了，并且尚未停止，也就是说，生命在每一刻都是以觉知本身的形式呈现的。

第九章

看待冥想的两种方式

工具性和非工具性

之前提到过，冥想并不是达到某种特殊状态的一项技术或者一套技术，而是一种存在之道。认识到看待冥想以及冥想是什么的两种完全不同的方式可能很有用。坚持不同传统的老师会混合使用两种不同的方式。你可能会发现，我有意同时使用属于两种方式的语言，因为这二者同等真实和重要，二者之间的张力非常有创意和效用。

一种方式把冥想当作工具，一个方法，一种规则，可以允许我们去培育、优化和深化专注力和安住于当下觉知的能力。随着时间的推移，我们越是频繁练习这种方法（其实可以运用很多种不同的方式），越有可能发展出一种能力，即拥有更大的稳定性以关注任何在觉知视野中的客体或者事件，无论这些客体或者事件是内在的还是外在的。这种稳定性既可以在身体中被体验到，也可以在心智中被体验到，通常这种稳定性伴随着更生动的感知和更平静的观察。在这种系统的练习中，对事物（包括我们自己）的本质瞬间的明晰和洞见往往会自然地出现。以这种方式来看冥想，它就是逐步发展的。它有一个指向智慧、慈悲和明晰的方向，一条有着开始、中间过程和结尾的轨迹。虽然该过程很难被说成是线性的，因为有时候，它在往前迈一步之后，又会倒退六步。从这方面来说，这与我们想努力发展的其他能力并无二致。并且沿路都会有指示和教导来为你导航。

这种看待冥想的方式是必要的、重要的和有效的。但是，它也带着一个巨大的“但是”——即便是佛陀本人花了六年时间进行冥想，直至突破，获得了一份对自由、明晰和领悟的非凡理解，以基于方法的方式去描述这个过程本身并不完整，有时这种描述会让人对冥想究竟是什么产生错误的印象。

对冥想的另一种描述方式就是，无论“冥想”是什么，它绝不是工具。如果它是一种方法，那么它是一种

“没有方法的方法”。它与行动无关。没有任何地方要去，没有任何练习要做，没有开始、中间过程或结尾，没有达成或需要去达成什么。事实上，它是当下“你是什么”的直接实现和体现，在任何时间、空间和概念之外。它是在你天然的存在之中的休憩，有时候这被称为本真、初心、纯粹的觉知、无心或简单的空性。你已经本自具足，拥有了你希望达成的一切，因而不需要任何意志上的努力（哪怕是让心智回到呼吸上来），也不可能有任何达成。因为你已然达成。一切具足，当下具足。以15世纪印度伟大的苏菲派诗人卡比尔的话来阐释就是：没有时间，没有空间，没有身体，没有头脑。冥想没有什么目的（这是一项人类的活动，实际上是非活动，我们参与是为了它本身），因为除了觉醒，再无其他目的。

比如，如果你的脚本身就是身体的一部分，你怎么可能去“获得”你的脚呢？我们甚至永远都不会想要获得我们的脚，因为它已经在这里了。是大脑把它理解成了“一只脚”，一个东西，但除非它与身体分离，否则它就不是一个有它自己的内在存在的独立实体。它只是腿的末端，适用于直立和行走。当我们在思考的时候，它是一只脚，但是当我们在觉知中，在思维之外，在思维之下，以及超越思维的时候，它就是它。你已然拥有它，或者换句话说，它不是你以外的什么东西，并且永远不会那样。你的眼睛、耳朵、鼻子、舌头和身体的所有其他部位也都如此。如圣弗朗西斯（St. Francis）所说："你在寻找的东西也在寻找你。"

出于同样的原因，如肯·威尔伯（Ken Wilber）所说，当本初之心正在读取这些文字的时候，你怎么可能"获得"知觉、知识和本初之心？当你的感官都已经完全发挥其作用的时候，你怎么可能做到感官觉醒呢？你的耳朵已经听到，眼睛已经看到，身体已经感觉到。只有当我们将其视作概念时，我们才能把它们从我们的存在之中分离出来，从其本质上来说，它是不可分割的，它已经是完整的了，已经有了知觉，并且已经觉醒了。

对冥想的这两种理解看似矛盾，实则互补。那意味着这二者中的任何一方离开对方都不完整。若仅取其一，则俱非实情。若二者并存，则均为真相。

因此，当你开始做冥想练习时，尤其是在正念冥想练习的最初就了解和记住这两种描述方式是很重要的。那样，我们就不会被二元思维所束缚，要么为了达到我们现在的样子努力奋斗，要么宣称我们已经有了那些我们实际上并没有体验过、没有认识到、无法利用的东西，即使理论上，那可能是真的，而且我们也已经做到了。这不仅仅是因为我们有成为现在的自己的潜力，尽管相对来说（从工具的角度来看），这是事实。我们已然是了，但是——

我们不知道。它可能就在我们眼皮底下，比近还更近，但一直深藏不露。

这两种描述方式互为补充。当同时抱持这二者的时候，我们就拥有了正确的态度。因为就生命和心智的基本本质而言，我们没有地方要去，也没有努力是必须的。哪怕在开始的时候，先在概念上抱着这样的态度，然后在打坐，做身体扫描或做瑜伽的时候，或在生活方方面面中都努力带着这样的态度。事实上，进取很快就会适得其反。请记着，即使在面对心智或世界的混乱的时候，我们也更倾向于记得对自己善良、温和，学着放松、接纳、明晰。这样，我们就不太会把练习理想化，或迷失于如果“我们做得对”，就会被带往何方或它会将我们带往何处的“幻想”中。我们将更不容易被扭曲的反应方式吸引，更有可能坦然自若地安住于无为、不争，安住于本初之心中。换句话说，安住于觉知中，除了觉醒，别无他求。对于任何可能让我们喃喃自语（我们也恰恰如此）的指导性设置，如其所是地安住于对事物的觉知中是与其呈正交关系的。

在相对的和时间的角度，佛陀的“恰当的努力”（恰当，是指智慧）是绝对必要的，当我们经年累月不断地练习时，我们会学到这一课，并亲身体会到这一点。因为毋庸置疑，我们会迷失在身心持久的躁动中。不管我们和自己说了哪些关于心智的自然状态和睿智空虚的本质的话，当我们坐下来冥想时，通常会发现我们的注意力持续时间十分短暂且很难维持，而觉知在更多时候也是浑浑噩噩的，心智并不睿智，观照的客体也不鲜活。要诀在于当头脑一开始无聊或者躁动的时候，就提醒自己坐定，不要跳起来。一次又一次提醒自己安住于觉知本身，比如回到呼吸，或放下把自己掳走的思维锁链。因为这所有的一切，最终无论在这个当下呈现什么，都是这一刻真正的“课程”，是正念真正的“课程”，也是生命本身真正的课程。

当你和冥想的工具性和非工具性这两种描述一起生活一段时间之后，你会发现，它们慢慢变成了和谐共处的老友和同盟。渐渐地，或有时是突然地，练习超越了所有关于练习的观点和努力，无论我们投入怎样的努力都根本不再是努力了，而是真正的爱。努力成了我们心智清明的具身体现，因而成了智慧，但它也没什么了不起的。比起去觉知，我们更是觉知本身。因为，我们与觉知之间的区别比起我们与自己的脚之间的区别并没有什么实质上的不同。我们与它须臾不离。

然而，米哈伊尔·巴里什尼科夫（Mikhail Baryshnikov）或玛莎·格雷厄姆（Martha Graham）[1]在鼎盛时期的脚

[1] 二人均为舞蹈家。——译者注

和我们这些普通人的脚还是不一样的。他们的足尖技术我们无从知晓，虽然在本质上，我们的脚与他们的是一样的。我们可以惊叹它们如此相似，又截然不同。我们可以爱它，也可以成为它，因为从本质上来说，我们已然是它。

第十章

为何自寻烦恼？动机的重要性

若是从冥想的角度来说，你所追寻之物已全然在此，即使思辨的大脑难以理解这个说法，如果真的没有必要去获得任何东西，或者去达成任何事情，或者去提升自己，你已然圆满，而且世界也已然圆满的话，那我们究竟为什么要冥想呢？为什么先要培育正念呢？如果做这一切都是为了不到哪里去，而且我刚刚也说过，方法和练习并不是它的全部，那么我们为什么要用一些特定的方法和练习呢？

答案是，“你在寻找的一切已经在这里了”，只要这句话的意思仅仅停留在概念层面，仅仅是一个概念，那它就只是一个好的想法。如果只是一个想法，那它的力量就非常局限，包括以此使你转化之力，呈现此言所指之力，以及最终改变你在这个世界上的言行举止之力。

最重要的是，我已经把冥想视为一种爱的行动，一种向内的、对自己和他人仁慈友善的姿态，一种内心的姿态，以认识到我们的完美无瑕，即使在我们所有的缺点，所有的伤口，所有的困扰和所有无意识的习惯中，不完美是显而易见的。这是一个非常勇敢的姿态：在你的席位上坐一会儿，毫不矫情地沉入当下。在静止、目视和聆听中，把自己交付给我们所有的感官，包括心智，我们就在那个片刻具身体现生命中的至高神圣。选定姿势，也可以包括摆出一个特定的正式冥想练习的姿势，也可以只是更正念或对自己更宽容，当即提醒自己并回到身体。在某种意义上，你可以说那会让我们重新焕发精神，让这一刻变得不同、永恒、自由、开放。在这样的时刻，我们超越了我们认为自己是谁。虽然有时候思维是极为深刻和重要的，但在那样的时刻，我们超越了故事与喋喋不休之语，让我们安住于当下所见，安住在此刻那份直接的、非概念性的所知中。我们不需要去寻找，因为它一直就在这里。我们安住于觉知，安住于了知本身，当然也安住于“不知”。正如一而再，再而三地看到的那样，我们既是“知”，也是“不知”。由于我们全然嵌入了宇宙之中，这份善意的姿态真的是无边无际的，与其他存在之间没有界限，心灵或心智之间没有界限，存在或觉知之间也没有界限，我们开放的存在亦是无限。简言之，它听上去像是一种理想状态。它被体验到了，它就只是它，生命正在自我表达，感觉在无限的空间里颤动，万事万物如其所是。

每时每刻安住于觉知意味着把我们自己交托于感官，与内景和外景全然合一地无缝对接，也因而随时与内在或外在正全然展开着的一切生命相联系，与可能发现我们自己的一切内部或外部区域相联系。

一行禅师，是一位越南禅师、正念导师、诗人，同时也是和平运动分子，他恰如其分地指出，我们想要练习正念的一个缘故是大多数时候我们在不知不觉地练习着正念的反面。每当我们生气的时候，我们就会变得更加易怒，并且强化愤怒的习惯。当我们暴跳如雷时，我们会说气红了脸，然而这意味着我们根本没看到真正发生的事情。实际上，在那个时刻你可以说，我们失去了理智。每当我们沉迷于自我，我们便越发善于自我沉迷并失去觉察。每当我们焦灼不安，我们便越发善于心急如焚。众所周知，熟能生巧。若对愤怒、自我沉迷、无聊或其他任何一种心智状态失去觉察，当这些心智状态涌现时，我们就会措手不及，我们加固了神经系统中的神经元突触网络，这些网络是我们适应性行为和无正念的习惯的基础，要想从这些惯常模式中解脱出来变得越来越难（如果我们觉察到究竟发生了什么）。当我们被欲望、情绪、经不起推敲的冲动、想法或意见俘获时，真实的情况是我们会立即被习惯性的反应——“退缩”所束缚，无论是抑郁和忧伤中的习惯性退缩和自我疏离，还是一头栽进焦虑或愤怒时的爆发和情绪劫持，这一刻总是伴随着身心的退缩。

然而，这是一个巨大的“然而”，与此同时，如果我们把觉知带入其中，那么此处也存在着一个潜在的机遇，一个不陷入“退缩”或更快复原的机遇。我们被自动反应及其后果（即这个世界和我们自身在下一刻所发生之事）禁锢，这只可能源于我们在那一刻的无知。消除无知就能看到自缚之茧已然打开。

如果我们每次都能知道欲望就是欲望，愤怒就是愤怒，习惯就是习惯，见解就是见解，想法就是想法，精神紧张就是精神紧张，强烈的身体感觉就是强烈的身体感觉，那么我们就得到了解脱。并不需要非得有什么别的事不可。我们甚至不需要放弃欲望或者其他任何别的东西。看到它，知道它是欲望（把它看作别的东西也可以），那就够了。实际上在任意一刻，要么我们在练习正念，要么我们在练习“不正念”（mindlessness）。当这样去看问题的时候，我们可能想要对我们如何面对这个世界承担起更多的责任，无论是内在还是外在，在任何时刻——尤其是在我们的生活中几乎没有任何间歇的时刻。

因此，冥想既什么都不是，也是世界上最艰难的工作。前者是由于它既不需要我们到哪里去，也不需要我们做任何事，后者是由于我们无意识的习惯在强力发展，而且它抗拒通过觉知被看到和被消除。我们确实需要方法、练习和努力来发展和优化觉察的能力，以驯服那些让心智变得迟钝、麻木的不羁的心智品质。

冥想具有既无可名状又万般艰辛的特点，这使得练习者必须有一种极为强大的动力，以此让练习者全然临在，不执不附。不过，当你已经淹没在了做不完的事情中时，谁会愿意去从事这世界上最艰难的工作呢？那些做不完的事包括重要的事情，必须做的事情，也可能是你执着已久的事情，所以这样你才能塑造任何所念之物，或抵达任何向往之地，甚至有时就是完成任务，然后从待办清单上将一个个任务划去，不是吗？如果冥想不涉及行为，无为的结果从来都不是为了到达哪里，而只是在你所在之处，那为什么要冥想呢？如果所有的不争依旧需要花费我这么多时间、能量和注意力，那又是为了展示什么呢？

作为回应，我能说的是，凡是我所遇见的每一个以某种方式在生活中坚持练习过一段时间正念冥想的人，都在某时某刻向我表达过某种感觉，通常是在最糟糕的困境中，说起他们无法想象如果没有这项练习他们会做些什么。真的就是那么简单、那么深刻。一旦开始练习，你就会明白我的意思。如果不练习，就无从知晓。

当然，大多数人一开始被正念练习吸引是因为他们的痛苦，是因为有这样那样的压力以及他们对生活的一些不满，并感觉自己的生活经由直接的观察、探寻和自我关怀有可能会恢复正常。因而，压力和痛苦成了潜在的可贵入口和动力，人们因此而投入练习。

还有一件事。当我说冥想是世间最艰难的工作时，那还不是太准确，如果你能理解其实我指的“工作”并非寻常意义上的工作，它同时也是游戏，你就能明白我在说什么。冥想也很有趣。去观察我们自己的心智的运作是很有趣的。如果你假戏真做，那就是你太较真了。幽默、嬉戏和弱化虔诚的态度都是正念冥想的关键要素。除此以外，可能世界上最难的工作就是养育了，但如果为人父母，你觉得正念和养育是两件不同的事吗？

最近，我接到了一位医生同事的电话，他年近四十，做过一项髋关节置换手术，这对他的年龄来说还是蛮意外的，为此手术前他需要做一次核磁共振检查。他回忆说，当自己被机器吞没的时候，才发现呼吸变得那么重要。他说无法想象那些不了解正念和呼吸的病人，是如何在这种困境中安住于当下的，虽然这显然每天都在发生。

他还说，在住院期间，自己在方方面面的无意识程度让他感到震惊。他觉得自己被成功地剥得一丝不挂，先是被剥去了医生及医疗精英的地位，然后又被剥去了人格和身份。作为一个“医疗照护”的接受者，从整体上来说，他觉得自己几乎没有感觉到被关照与呵护。照护需要同理心和正念，需要一颗开放之心时时临在，我常称之为“诚心”[㊀]，而这颗诚心在最需要展现之处却匮乏得令人吃惊。然而说到底，我们却还在称其为健康照护，这令人惊讶、诧异且难受不已，这样的故事如今屡见不鲜，尤其是当医生变成病人，医生自己也需要被照护时。

压力和痛苦也遍布于我自己的生活，有时以最为曲折的方式呈现，因为它们在各种时刻或生活处境中与我们所有人同在。除此之外，我练习正念的动机是相当简单的：那就是每个被错过的瞬间都是未被活过的瞬间。每错过一个瞬间，我就更有可能错过下一个瞬间，并且生活在无意识的思考、感受和行为习惯中，而不是生活在觉知中，不会活出觉知，也不会经由觉知生活。我看到这种事一次又一次地发生。服务于觉知的思考是天堂。而不带觉察的思考可能是地狱。因为失察不仅仅是天真或不敏感，墨守成规或无知。很多时候，有意或无意间它就是一种对自己，对和我们交往并共享生活之人的刻意加害。另外，即便在最具挑战或最不尽如人意的时刻，当我们全心投入生活

㊀ 在大部分亚洲语言中，mind 和 heart 可译为同一个字：心，所以如果你听到“mindfulness”，没有听出或感觉到“heartfulness”，那么你尚未真正领悟“mindfulness”的全部维度和含义。

时，生活也是极其有趣、充满启示并令人敬畏的。

如果我们把所有错过的时刻加起来，不专注（inattention）实际上可以消耗掉我们整个人生，影响我们所做的每一件事，所做的每一个决策以及每一个做不了的决策。错过，并因此误解我们的生活，这难道就是我们生活的目的吗？我更倾向于走进每日的冒险中，睁大眼睛，关注最重要的东西，哪怕我会时常感到无力，需要克服根深蒂固的机器人般的习惯（无力和顽固源自我觉得这些东西是我的）。我发现，以崭新的姿态迎接每一个时刻是非常有用的，如同一个新的开始，不断地、一再地回到此刻的觉知中。源于自律，我温柔而坚定地坚持着练习，这让我至少能保持某种开放，无论所呈现的是什么，对任何东西都保持开放，在那个时刻尽我所能去看到它，深入地观察它，学习一切可以学习的东西，因为万事万物的本质是在你关注它们时显现出来的。

当你涉及它的本质，还有别的什么要做的吗？如果我们并未扎根于存在，扎根于觉知，难道不是在错过生命的礼物，错过真正助益他人的机会吗？

真正助益的是，提醒自己时时叩问内心，现在，此刻什么是最最重要的，并万分仔细地聆听回应。

如同梭罗在《瓦尔登湖》的结尾处所言："唯我们觉醒之际，天才会破晓。"

第十一章

定向与保持

我有一位刚从静修营回来的同事，他认为冥想练习就是关于注意力定向的，接着是在每一个当下保持聚焦。当时我不以为意，觉得那几乎是不言自明、无足轻重的描述。此外，这种说法还带有过于强烈的“有为”的感觉，因而显得太依赖某个人来做这件事了。我花了很多年才对那份领悟的价值有了更深刻的理解，并了解到那确实是根本之言。

和任何基本的方法一样，呼吸并不一定需要我们“某个人”去想着“呼吸者”，虽然我们可以编造一个（譬如“呼吸者——那当然是我，我在呼吸”）。定向和保持也并不需要某个人特意去做这份定向与保持，虽然出于习惯性的“自我化”，我们可以人为地编造一个出来，而且在一开始的时候必然如此，但是实际上，当我们在练习安住于觉知本身，安住于“去知道”，同时感觉越来越舒适的时候，定向与保持都会自然地到来。

让我们以呼吸为例。呼吸是生命的根本。它正在发生着。一般来说，除非噎到，或是溺水，或有过敏症状或患了重感冒，否则我们并不太留意呼吸。但如果要想象自己安住在呼吸的觉知中，则首先需要我们感觉到呼吸，并在觉知领域为它腾出一些空间。从心身或世界一直在让我们分散注意力的角度来说，其实这份觉知一直在变化。我们也许能够感受到呼吸，但在下一刻，呼吸就被遗忘了，取而代之的是别的事情。此处有定向，但是没有保持。因此我们需要一再地定向。回来，回来，一再地回到呼吸上来。每一次，都要去留意是什么把我们的注意力带走了。

如果我们有意允许保持，那么保持就会随之而来。我们的注意力如此多变，如此轻易地被带至别处，聚焦呼吸的感觉需要高度专注。不过，日复一日，周复一周，月复一月，年复一年，带着那份智慧且温和的注意力去保持，坚持练习，这源于我们对更大的真实性的爱，也明了那是自身行为和生活中所隐约缺失的，如此，我们便更能安住于呼吸中，并充分了知在每一刻中所展开的呼吸。

保持这份注意力在梵文中被称为“三摩地”，心理上的专注是凝于一点的、集中的，即便不是全然不动，至少也是相对稳定的。通过持续的练习，当意识到心智偏离了约定的关注对象时（这里的对象是呼吸），就把它一再地带回来。不带评判，不自动反应也不失去耐心。只是单纯地定向并保持，同时觉察到保持消失，然后重新定向，再次保持。一而再，再而三，周而复始。如同潜水艇的喷水器，或者航船的龙骨，即便在面对风浪的时候，三摩地也能够让心智平稳而安定下来。当我们对分心以及分心时所关注的内容不再那么上瘾时，这些风浪便会渐渐地平息下来。当心智相对稳定且不摇摆的时候，任何保持在觉知中的目标都会变得更加生动，可以被更加明晰地领会到。

在练习的早期，当我们参加一个课程或工作坊，甚或是持续一段时间的冥想静修时，会有意地把自己与日常生活的喧嚣隔离一段时间，这也隔离了生活对我们的无尽占据、我们的责任以及令我们分心的情境，当心智不被扰动时，我们就能面对心智中包含的现实，三摩地更有可能作为心智的状态之一得以呈现。仅仅是为了体验外在的持久的根本止静，以及伴随而来的内在的沉默和相对的平静，我们就有充分的理由去安排自己的生活，以不时培育和沐浴在这样的可能性中。我们可能会看到心智的风浪并不是根本的，而只是我们习惯性地被卷入并迷失于这样的气象内容之中，误认为内容是最重要的，而不是对这些内容的觉知。

一旦你体验到了一定程度的专注和专注的稳定性，你就会变得更容易安住于这种稳定的心智中，即使不在静修中，其他时间也能安住于此，生活忙碌时也不例外。当然，这并不意味着，心智中的所有东西都是平和的。随着时间的推移，我们有各种各样的身心状态，有些是愉悦的，有些是不愉悦的，另一些则是中性的，以至于很难被留意到。但是，更加稳定的是我们的专注力。它是让观察得以更加稳定的平台。当我们的专注足够平稳时，如果不是为了稳定的专注而专注，不执着于它，那么我们的领悟势必会得到发展。我们的觉知和正念会为这份领悟提供能量，并使其得以展示。正念是心智所本具的能力，可以在每一刻及任一刻如其所是地了知所关注的对象——不仅仅是通过标签来获得概念上的了解，或是通过思考使事物变得有意义。

呼吸深的时候，正念明辨出它是深的。呼吸浅的时候，正念明辨出它是浅的。它了知呼吸的进和出。它了知呼吸并不属于个体，就如同知道不是“你”在呼吸——更多的是呼吸正在发生。正念了知每一次呼吸的无常。它了知在每一次呼吸与任一次呼吸之间、每一次呼吸与任一次呼吸周围、每一次呼吸与任一次呼吸之外出现的所有的想法、情感、知觉和冲动。因为正念的性质是“了知”觉知，这是心智的核心属性。它经由维持得到强化，与此同时，它也维持着自己。正念是了知之域。当那片领域因为平静和心–境性（one-pointedness）而稳定时，“了知”本身得以持续出现，“了知”的性质也会得以强化。

如实地了知事物被称为智慧。它来自对初心的信任，而这份初心就是稳定、无限、开放的觉知。当某个事物在它广阔的背景中出现、移动或消失的时候，了知之域即刻就能意识到。就如同阳光，它永远在，但时常被云层遮蔽，在这里，成了由于大脑分心的习惯产生的“云雾”，它源源不断地涌现出各种图像、想法、故事、情感，其中许多并不准确。

我们把注意力定向和维持于一处，这种练习越多，我们越能学会不太费力地保持它，就像当我们踩下钢琴的延音踏板时——在琴键被敲击之后的很长一段时间里，音符还在继续回响着。

我们越是不费力地安住于保持这份注意力，自性的光明就越自然，它既是局部的，又是无限的智慧和爱的表达，不再对任何其他人遮遮掩掩，更重要的是，不再对我们自己遮遮掩掩。

第十二章

临在

如果你正巧邂逅了一位正在冥想的人，你立即就会知道，自己进入了一条不同寻常并令人赞叹的轨道。由于我带领过冥想课和静修，所以常常会有那种体会。有时我望着几百个人特意在静默中安坐的情景，除了当下在所有人内景中所展开的一切，没有任何其他事情发生。如果有人正好经过，看到上百人安静地坐在一个房间里，什么都不做，可能会觉得有点奇怪——他们不是随便坐坐，而是要连续静坐几分钟，有时甚至一坐就是一个小时。与此同时，那种散发出来的临在感也可能使那个路人深受触动，这是稀有的体验。如果你是那个人，即使根本不知道正在发生什么，也可能会发现自己被不可思议地吸引着，想在那里逗留一下，怀着极大的好奇心和兴趣去凝视，并共享那片静默之域的能量。它有着一种自然的吸引力与和谐感。这种一动不动的静坐背后存在着一份毫不费力并带着警觉的注意力，这种专注本身极其强大，而这样的集会所具身体现的意图感同样强大。

专注，以及意图。200 个人在正念的静默中临在，一动不动，不打算做些别的什么，仅仅是为了临在，这本身就是人性至善的惊人展现。这一份不动摇的临在动人至深。而实际上，哪怕遇见仅一个正在打坐的人，我都会怀有一模一样的至深感动。

任何时候，在一处有数百位冥想者的房间里，有些人会感到分心，挣扎着努力地想要临在，但这与临在毕竟还是有点不同，离临在还是差了毫厘。如果某人在思考，在用力或处于疼痛中，那毫厘之差可能感觉就像是一道不可逾越的鸿沟。他的内在可能有诸多牵绊，当注意力的稳定性尚未充分发展时尤其如此。这通常会转化为外在的坐立不安、摇摆、移动和昏沉。

然而，对那些已经发展出了一定程度的专注力的人，或者天生就更为专注的人来说，他们自身就散发着一种临在感。一个人可以带着来自内在的隐约光芒。有时候，一张平和的脸就能令我感动得落泪。有时候，有一抹浅笑，在时光的流逝中静顿，不是那种“哈哈”大笑，不是任何一个主体发出的笑，而是在那一刻里，并没有什么主体。显然，人已经不仅仅是一个人或一种人格了。他变成了存在，纯粹而简单。就是存在。就是觉醒。就是平和。就是那平和的存在，在那一刻，那个人作为纯粹存在之美是如此显而易见。

我不需要真的去看才明白，即便闭着眼睛，也能感受到。我安坐于一室，面对着静修者，或者自己参加静修，周围坐着其他静坐的人，比起交谈，在房间里静坐个把小时更能让我感受到自己面对的或周围的人们的那份存在和美。即使很多人可能在经历疼痛或者挣扎，他们那种与不适共处的意愿和开放引领其进入了存在与正念之域，或是静默的关照之中。

在世界各地，当学校的老师们在课堂上点名的时候，无论用何种语言，孩子们都会回答："在。"

对此，每个人都默认：是的，没错，孩子在课堂上。孩子如此认为，家长如此认为，老师也如此认为。但很多时候，孩子们只是身体在课堂上，他们的目光可能长时间地投向窗外，年复一年，看着别人未见之物。孩子的心智可能在一个梦幻之地。如果孩子从根本上说是快乐的，只有很少时间身处课堂，或许是因为他有更为重要的生命功课要去完成。或者孩子可能深陷于焦虑的梦魇中，藏匿自己，怀疑自己，厌恶自己，心处汹涌之流而备受折磨直至麻木不觉，然而这些在那样的环境里是无法被言说的。如果孩子的世界一成不变地遭受着规律性或阵发性的虐待、漠视或忽视，想让孩子们临在并聚焦于某项任务都是不太可能做到的。

临在可不是什么鸡毛蒜皮的小事情。它可能是世间最难的工作。不是“可能”，它就是世间最难的事情——至少维持临在是最难的，也是最为重要的。健康的孩子大多数时间都处在临在的环境中，当你坠入临在，你随即知晓，立刻觉得回到了家园。在家里，你可以放松、放下，安住于你的存在中，安住于你的觉知中，安住于临在本身中，安住于自己最好的陪伴。

充满激情的印度诗人卡比尔，深受穆斯林和印度教徒的尊敬，他以热烈的辞章来形容临在，以及它是如何轻易地远离我们的。

哦，朋友！
在你活着的时候，渴求那位尊客吧。
趁你还活着，赶紧去体验吧！
想想吧……想想吧……在你活着的时候。
所谓“救赎”属于死亡之前的时光。

如果活着的时候，不挣脱束缚，

你以为幽灵会在你死后这样做吗？
若以为灵魂离开躯体，
便会与它合一——
那全是空梦一场。
若此时寻到它，
彼时亦可见。
若此时一无所获，
彼时只会在死亡之城栖居。
若此时与神相爱，
往后便不再分离。

所以深入真理，
寻出谁是真正的老师，
忠于圣名！

卡比尔说：如果有人在寻觅那位尊客，
这炽烈的渴望会将一切实现。
看着我，你会看到一个奴隶，
正被这份炽烈奴役。

——卡比尔

第十三章

全然的爱意之行

从外在的呈现来说，正式的冥想看上去要么是停下来，搁置所有的活动，让身体安于止静，要么是让自己沉浸在运动中。无论是哪种情况，正式冥想都体现为一种智慧的关注，它是一种内在的姿态，大多需要在止静中进行，也是从“有为”到“存在”的切换。一开始，这种行为看上去比较造作，但我们很快就会发现，倘若能够坚持，它就是一份终极的纯然之爱，爱这里里外外铺陈着的生活。

当我带领冥想时，常常发现自己会鼓励人们抛开“我在冥想”的想法，就只是保持觉醒，无须努力，也不带任何规划，甚至连“冥想看上去应该是这样”或“感觉应该如何”或“你的注意力应该放在哪里”这样的想法都不需要……就是在此刻醒来，无须修饰或评说。一开始，尝到这种觉醒的滋味并不那么容易，除非你真的怀着一份初心[㊀]。即使在任何一个特定的时刻里，这份对开放、广阔和随意觉知的体验也可能难以捕捉，但这份觉醒是你从一开始就应知晓的冥想的根本维度。

由于需要化繁复为简单，起初我们很难毫无障碍地让自己全然品味这种无为、纯粹又全然觉醒的安住，而不附加任何动机。冥想之所以会有那么多不同的方法和技术，那么多不同的方向和指导的原因就在于此，有时候我会称其为“搭脚手架”。我们可能会在某些方向和地方卡壳，感到迷惘，这些方法被视为能帮助我们从各个不同之处回到全然和开放的止静或者所谓本初的觉醒中——那个一直就在这里，就如同太阳般恒久照耀，深海般永远静顿的东西。

我有一种感觉，
我的船，
在底下，深深的，
触到了一个了不起的东西，
但什么都没有发生！

㊀ 这是旧金山禅修中心的创始人，铃木禅师的话。这句话捕捉到了坐在冥想垫上，经由直接体验所发出的那份开放和一无挂碍的探询“你是谁”“心智是什么”。“在初学者的心中，有着很多的可能性，而在专家的心里，可能性就很少。”

什么都没有……静默……波浪……

什么都没有发生?
或什么都已然发生,
而现在
我们安立于此刻,
默然地
在新的生命中?

——胡安·拉蒙·希梅内斯,《海洋》

随着生活节奏的不断加快，我们被各种貌似不受自己掌控的力量驱使着，越来越多的人发现自己被冥想吸引，并投入这全然的存在和全心全意的爱的行动中。与我们文化中沉迷于物质层面的“有为”，痴迷速度、发展、明星和他人生活、社交媒体的特质相比较而言，这样的投入令人震惊。朝向冥想觉知的方向移动的原因有很多，至少，我们可能是为了维持个人和集体的理智，或恢复对意义的视角和感知，或仅仅是为了应对这个时代不堪忍受的压力和不安全感。经由停下来，我们有意图、有目的地去觉察当下万事万物的真相，不屈从于自身的自动反应或评判，带着健康的自我关怀，与这样的处境一起工作。即便计划和活动都是为了去到别处，去完成一个项目或是去追求希望实现的目标，我们也可以经由自己的意愿安住于此刻。我们会发现，这样的行动既是困难至极、令人沮丧的，同时竟然也是全然简单、深邃并深具可能性的。这种行动可以让我们的身心灵在那个当下得以复原。

不过，坐下来，让自己安静一会儿确实是一种全然的爱意之行。事实上，无论当下如何，这样坐下来就是你在生活中表明立场的一种方式。坐下来，借由挺拔地坐着，我们在此时此地表明了自己的立场。

在这个越发疯狂的世界里，要保持理智是我们这个时代的挑战。我们不断地卷入头脑的各种声音中，与有意义的一切以及本真的自我失去了联结，因而我们感到失落和迷惘，当所有的作为都让人感到空洞，当我们认识到生命如此短暂时，该怎样才能保持理智呢？最终，唯有爱才能带来领悟，它告诉我们什么是真实且重要的。因此，一份全然的爱意之行确实很有意义，那是对生命之爱，对正在呈现的真实自我之爱。

坐下来，让我们落入临在，这是一个深刻而充满力量的方法，以确保我们正缓慢但踏踏实实地做到感官觉醒。在思考、情绪反应、自我陶醉背后，那个直接体验的世界一直完好地在那里，完全可以用来帮助我们，帮助我们疗愈，让我们知道该如何去存在。而当回到行动中时，让我们知道该去做什么，至少知道如何重新开始。

第十四章

觉知和自由

你是否曾经留意到，即使在经历疼痛时，你对疼痛的觉知并不痛苦？我相信你也会有同感。这是一种非常常见的体验，尤其是在童年时期，但我们通常不会检查或谈论它，因为它是如此短暂，而痛苦在其袭来的那一刻又是如此强烈。

你是否曾留意到，即使在感到恐惧时，对恐惧的觉知并不令人恐惧？或是对抑郁的觉知并非抑郁；对坏习惯的觉知并不意味着成为那些习惯的奴隶；又或许对“你是谁”的觉知并非你所认为的那个“你是谁”？

任何时候，你都可以自己测试这些命题中的任意一个，就只是通过单纯地探询觉知——对觉知本身保持觉察。这很简单，但是我们几乎想不起来这样做，因为实际上，觉知如同当下这一刻本身，是一个在我们的生命中被隐匿的维度，它无处不在，然而毫不起眼，无人留意。

觉知是内在的，是无限可得的，但它却如同害羞的动物一样，披着伪装的外衣。就算不是完全隐匿，若想捕获那惊鸿一瞥，通常也需要一定的努力和止静，更何况是持续观察，即使它可能全然展现自己。你必须警觉、好奇、心向往之。无论在思考什么或是体验什么，带着觉知，你必须心甘情愿地让这份了知走向你，邀请它进入，静默地、巧妙地沉浸其中。毕竟，你已经在看了，已经在听了。觉知存在于这一切之中，穿过所有的感官之门，包括你的心智，就在这里，就在此刻。

如果你在痛苦中进入纯粹的觉知，即便是微乎其微的一瞬，就在那一刻，你和疼痛的关系也会转变。它不可能没有转变，因为抱持它的姿势已经揭示了它的更大的维度，即便不能持续很长时间，即使只有一两秒。你和体验的关系出现了转变，在既定的情境中，那会带给你更大的自由度，可能是态度上的，也可能是行为上的，不管是什么……即使你还不知道要做什么。当“不知道”本身被觉知抱持，“不知道”也是一种“知道”，我知道这听起来很奇怪，不过随着练习的推进，它对你而言可能会变得非常有意义，而且比想象的更为深刻（在直觉层面）。

觉知亦可转化我们情绪上的痛苦，就像它会转化被我们更多地归因于身体感觉上的痛苦一样。令人惊奇的是，我们是多么不习惯做这样的事情，而以这种方式处理我们的情绪和感受又是如此发人深省和自由，即使它们是愤怒或绝望——尤其是当我们身处愤怒或绝望中时。

每个人都不必让自己经受痛苦，因此我们才有机会验证觉知这个独特的瑰宝，它比痛苦更大，并且和痛苦有着完全不同的性质。我们所要做的就是当痛苦出现的时候，对它的到来保持警觉，无论它以何种形式呈现。我们的警觉性会让我们在接触到初始事件那一刻敞开觉知，不论它是某种感觉、想法、表情、目光、别人的话语，还是任何时刻发生的事情。这种智慧的运用就发生在当下，在接触的那一点、那一瞬间（还记得磕碰了脚趾的公主吗），无论是被锤子砸了大拇指，还是这个世界突然出现了预料之外的转变，你得面对某种全然的灾难，你突然充满悲痛和哀伤、愤怒和恐惧，仿佛它们在你的世界取得了永久的居留权。

就是在那种时刻，在那种后果中，我们才可能去觉知自己的身体、心智和心灵的状况。然后我们再次跃升，将觉知带到觉知本身，注意你的觉知本身是否在痛苦、愤怒、恐惧或悲伤之中。

它不会在那里，它不可能在那里，但你必须检视自已。思考这些并不会带来自由。思考只是用来让我们记得在觉知中去看，去拥抱那个特定的时刻，然后将觉知带到我们的觉知本身中。那是我们检视的时刻。你甚至可以说那就是检视，因为觉知立刻就会知道。它可能只持续了一瞬间，但就在那个瞬间自由的体验出现了。就在我们体验到自由的那个瞬间，那通向智慧和内心、通往存在的自然属性的大门打开了。没有什么其他的要做。觉知打开了它，并邀请你窥探，如果只有一秒，不妨自己去看。

觉知并不是一种冷酷无情的策略，让我们在煎熬和失落的时刻或是后续的纠缠绵延中，从痛苦的深渊里转身离去。痛苦和失落，丧亲之哀和悲哀，焦虑和绝望，与我们能获得的所有欢乐一样，都处于我们人性的核心位置，当它们涌现时，仿佛是迎面而来，呼唤我们去认识并接纳它们本来的样子。它们是觉知呈现之处，最需要的恰恰是转向它们，拥抱它们，而不是转身离去或者否认和压抑它们。觉知并不能在所有情况下都减轻痛苦的剧烈程度，也不应该这样。但它确实提供了一个更大的篮子，无论在何种情况下，都能更温和地抱持和深入了解我们的痛苦。实际上，这具有变革性的意义，因为作为人类，我们总是无法免于遭受各种形式的痛苦，而觉知可以将无尽的痛苦的囚禁与摆脱痛苦区别开来。

当然，在我们的日常生活中，无论发生什么都能或多或少地带来觉知的机会，因此，从这方面来说，我们的生活就是正念的天然培育器。唤醒自己的生命并被觉知改变是一项挑战，是瑜伽的一种形式，是在日常生活中的瑜伽，它可以被运用于任意时刻：在工作中，在我们的关系中，在养育孩子的过程中（如果你是父母），在我们和自己父母的关系中，无论他们健在还是已经去世了，在我们与自己关于过去、未来的想法的关系中，在我们和自己身体的关系中。我们可以将觉知带到所发生的一切当中，包括冲突的时刻，和谐的时刻，我们压根就没注意过的中性时刻。在每一刻，你都可以测试自己是否将觉知带入，世界是否对你的正念姿势做出回应，是否像玛丽·奥利弗（Mary Oliver）在诗中写的可爱短句那样："将'它本身'献给你的想象力。"无论如何，这给出了新颖并更为宽广的方式，关于如何看到以及如何与看到的东西共处，因而或许可以将你从不完整的片面之见以及对此的强烈依附感中解放出来。通常这种强烈的依附感是出于这样的想法："这是我的。"因此你就成了它的一部分，不再完整。你对此一再着迷，即使在巨大的痛苦中也是这样，在不知不觉中忙于创作那个"我的故事"，而这仅仅是出于习惯。我有一个机会，有数不清的机会看到故事如何展开，停止它，或是不再喂养它，在必要时对它发出限制令，或是去拧开那把本来就在锁上的钥匙，走出牢狱，由此以一种新的、更广阔的、更恰当的方式与世界相遇，去拥抱它而不是收紧、退缩或是转身离开。这种拥抱“如其所是”并与之一同工作的意愿，需要极大的勇气和当下的正念。

因此，在任何时刻，不管发生什么，我们都可以检视并观察自己。觉知错了吗？觉知在愤怒、贪婪或痛苦中丢失了吗？或者觉知是否被带入了每一刻，即便是最微乎其微的那一瞬间，只是单纯地知道，这份了知是否使我们自由？来一探究竟吧。我的经验告诉我，觉知会将我们归还给自己。据我所知，这是绝无仅有的力量。它是智能、身体、情绪和道德的精髓所在。它看起来似乎需要被召唤，但实际上，它一直都在这里，只是需要被发现、被拥抱、被融入。这就是精华所在之处，在回忆中。然后，放下，顺其自然，在其中休憩。如伟大的日本诗人良宽（Ryokan）所言：“就是这个，就是这个。”这就是正念练习所指的意义。

如我们已经看见的，挑战来自两方面：首先是尽可能地将觉知带入我们的每一刻，即便以细微或者短暂的方式；其次是使觉知持续，更好地了解它，并且生活在它之中，在更广大的、不增不减的整体中。当我们这样做的时候，会看到想法自己解脱了，即便是在悲伤之中，好像是我们伸出手指碰到了肥皂泡，噗，它消失了。我们会看到悲伤自己解脱了，即使我们是在舒缓别人的悲痛，或是自己沉浸在凄凉之中。

在这样的自由中，我们能带着更宏大的开放性，与任何事物相遇。我们能以更大的毅力、耐心和清醒，来抱持所面对的挑战。我们已经生活在一个更大的现实中，一个当痛苦和悲伤升起的时候，能以拥抱的方式汲取养分的现实中，伴随着智慧和爱的当下，伴随着觉知，伴随着自然而然的慈悲的行动以及对自我和他人的尊重，我们再也不会在内外分离的幻象中迷失。

然而，实际上为了做到在整个人生历程中保持觉醒，通常需要某种总体框架，它为我们提供了一个起点，一条可尝试的秘诀，一张可遵循的地图，对我们自己的明智提醒以及他人来之不易的经验和知识所带来的全部获益。当我们需要时，它还将包括各式各样进入觉知和自由的斜坡，具有讽刺意味的是，它们随时随地都在为我们而存在，然而，它们有时却似乎离我们的视域如此遥远。

第十五章

论传承以及脚手架的作用和局限性

如果我能看得更远，仅仅是因为我站在巨人的肩膀上。

——艾萨克·牛顿（Isaac Newton）

我们都隐约地知道，利用前人的经验、依靠他人的创造性天赋和辛勤工作有着巨大的好处，他们竭尽全力去深入观察事物的本质，无论那些领跑的探索者是科学家、诗人、艺术家、哲学家，还是瑜伽修习者。在任何涉及学习的领域中，我们都会发现自己站在前人的肩膀上，正伸长脖子，领会他们曾竭尽全力理解的东西。如果我们是聪明人，就会全力以赴地阅读他们的地图，踏上他们的旅途，探索他们的方法，验证他们的发现，这样我们就可以知晓从哪儿开始，是什么造就了自己，我们能创建什么，哪里存在着新的洞见、机会和潜在的革新。然而，我们通常完全忽略了我们脚下的土地，我们所居住的房屋，用来看东西的透镜。这些全都是他人赠予我们的礼物，而且绝大部分是匿名的。W. B. 叶芝（W. B. Yeats）认识到了我们对那些前人的创意和劳作负有无穷无尽的亏欠。他称他们为“无名导师”，并向他们献上了至今不朽的四行感恩诗。若没有那些深刻的、在某些方面是转瞬即逝的、无与伦比的成就，我们什么都不能建立，什么都不会了解。

彼之所为，
已然消逝：
万物如露，
悬于草叶。

交谈和思考的能力就是一个例子：我们无法仅靠一己之力，就让这种能力如与生俱来的身体机能那样无师自通。我们都有讲话的潜力，但如果一个人从婴儿时期就被与世隔绝地抚养长大，从未接触过有语言的环境和学习过说话（既没有通过耳朵听，也没有学习手语），那么他的言语能力似乎就无法在之后得到充分发展。许多心理机能、认知和情绪被禁锢，言语甚至推理能力被严重削弱。

框架的确是从此地开始构建的，但是需要打基础、雕琢、塑形、培育，而这些是通过沉浸于人类发出的声音，看见发出这些声音的面孔，进行眼神交流，调整自己，与他人建立关系，感知他人的气味和声音，暴露在一个多模式的、丰富的感官情绪联结中来实现的。因为体验就是大脑建立回路的重要方式。显然，这需要在一定的时间顺序窗口内发生，使语言得以发展。如果我们错过了这个窗口，基本上就会保持沉默不语，虽有先天潜能，但开花结果就会变得遥不可及，因为人际关系的维度并不是天生就有的，所以那些先天机能无法被塑造成言语能力。

再举一个更加基础的例子，生物学本身完全是历史性的。新生命只能来自旧生命。生命是建立在其自身之上的。细胞不会从非细胞的环境中涌现出来，尽管人们认为，或许在30亿年前，它们很可能以最初级的形式在原始环境中演化，其条件与今日大相径庭。细胞结构在生长，它持续不断地自我复制，制造越来越多的自己，同时保持自己的组织完整性，这被称为自我生产（autopoiesis）。有些科学家称之为生命和认知最初级的首次联结，如果你愿意的话，也可以称之为对自我的原初认识。不管是不是真的如此，若没有先前的结构，将不会有新的生命，它天衣无缝地出现在先前的三维分子结构中。生命完全是历史性的。

如此一来，在任一层级（从生物学，到心理学，到社会学，再到文化），我称为“脚手架”的东西成为人类的一种根本性的需求。我们依赖一些说明和指南、一种语境、一段关系以及某种语言来进行富有意义的冒险，进入自己的心灵、大自然的荒野以及我们自己所发现的宇宙，即便我们有时会偏离至人迹罕至之处，去穿过未知领域开辟自己的道路。这一知识体系是经过数百年乃至数千年的传承而发展、提取和精炼出来的：通过狩猎和采集，生存之法得以流传；驯化野生动植物的方法也是如此流传下来的；科学、工程、艺术、冥想传统的传承也是如此。这些传承给我们留下了关于某些地形的丰富而又来之不易的知识，以及可以有效导航的必需技能，以对我们有帮助的方式来提炼这些，但是只有当我们深入其中，理解了别人已经开辟的路径，领悟了他们对自己所行之事、所去之处给出的提示之后，只有当我们至少在某种程度上熟悉他们所描述的地形和挑战以及他们得出的解决方案之后，我们才能得到这些。

这就是冥想练习的馈赠。因为冥想练习并非凭空出现在我们当下这个时代。前人们，那些直系的以及种种分支传统下的导师回溯至佛陀和佛陀之前的时代，为我们提供了一张路线图、一份礼物，让我们能够去探索和实施行动。我们已经着手对人类心智及其潜能进行内在探索了，这些地图可以扩展并丰富探索的可能性。作为人类，我们是特别幸运的，能够拥有这样一份馈赠，站立在如此高大而坚实的肩膀上。

冥想练习可能乍一看相当直白，其好处显而易见。然而，冥想探询的全面力量，对戒律的严格要求，将自己的生活、心灵和身体用作探索人性之基的实验室的做法，以及社群固有的力量（人们认识到，在一个不断变化、不确定、脆弱的世界中，人与人之间存在着根本的相互联系），是我们不可能仅靠自己就能得到的传承，冥想更像是一门心智和心灵的科学，我们可以参与其中并且以此为基础，就像我们以个人名义或集体名义在前人的其他知识和认知领域的基础上去创建一样。

当然，我们也知道极少有天才能自学成才。哪怕是莫扎特也是跟随父亲学的。佛陀在规划自己的路径之前，也是按当时的冥想传统来练习的，从冥想练习中获得的超越了他从别人那里学到的。据说，有一天，他只是看到一名流浪的修行者（表情平和并容光焕发）从他身边经过，便深受启发。

几乎所有的科学家都有导师，或者在某一点受到启发，这来自他人以不同的新颖方式所进行的深入思考或质疑。甚至是詹姆斯·克莱克·麦克斯韦（James Clerk Maxwell），那个以麦克斯韦电磁方程式（19 世纪物理学界最伟大的成就之一）而闻名于世的科学家，他的成就也是建立在迈克尔·法拉第（Michael Faraday）的工作的基础之上的，法拉第的研究工作开始得更早，并分享了他的很多直觉，这得益于他的数学天赋。为了得出这个惊人的见解，麦克斯韦用四个原始方程式精确描述了电磁场在空间中的传播。为了向自己解释这种神秘的、前所未有的、无形的力量，他建构了一个转动齿轮的机械模型来说明电和磁可能是如此互相关联的。虽然这个模型是完全错误的，但它就像一个脚手架，让他爬到他最终能够看到的地方，到达一个点，在那里他能够洞察他试图理解的力的本质。通过攀爬思维的脚手架，他得出的那四个方程式是完全正确和完整的。

麦克斯韦很聪明，他从未发表自己的机械模型。他超越了它的用途。它的目的达到了。不可见的、无形的电磁场的合法性已经完全确立了。脚手架也就不再重要了。

在练习冥想时，我们也可以充分使用各种各样的脚手架，一部分是我们为自己创造的，一部分是从前人那里借鉴得来的，这二者均是为了激励和帮助我们去理解和了知自己的心灵和身体，以及它们与所谓世界之间的紧密联系。然而，在某个特定的时刻，如果我们打算超越自己已经认识和继承的模式，去直接体验那些教导、文字和概念所指的东西，我们必须超越脚手架，那个已搭建好的并且能够帮助自己观察的平台。

除去极个别的例外，只是每过一段时间打个坐来练习“冥想”，即便是常年规律的练习，这样做本身是不可能自然顿悟、转化和解脱的，即便那一刻的冲动是无价的。对自己的基本价值和根本的善意坚信不疑，这在探险的进程中至关重要。通常，我们全程都需要将自己的努力在情境中具体化，但又不可陷入这些对常用框架和情境的叙述中。

这些冥想的叙述包含一个固定的目的地的概念。虽然冥想听起来像是老生常谈，但是我们一直在强调当下这个时刻，并且意识到一切都已经在这里了，我们再没有其他“地方”可去，故而最重要的是旅途（冥想）本身。那个目的地，说老实话，总是在“这里”，就像在科学中能发现的事物一样，即使是在被看到、被知晓、被描述、被检测、被确认和理解之前，它也总是在这里。回想一下，米开朗基罗声称自己只是从一块大理石上去除了需要被去除的东西，从某种意义上来说，他只是展示了以自己深邃的艺术家之眼所“看到”的起初就在那儿的人像。然而，如果没有实实在在的工作，无论在我们的心智和心灵的领域里有什么是可能被发现的，哪怕是真的有，也是不透明的、没有用处的。在“这里”，是在潜能中。为了使它展示出来，我们需要参与一个可能的揭示过程，并愿意反过来被这个过程本身塑造和改变。

出于这个原因，拥有一张地形图在冥想之初肯定是有帮助的，虽然有人会再次觉得这是老生常谈，但还是请记得这个重要而深刻的提醒：地图并非疆域本身。我们作为人类的体验以及心灵内部和外界的疆域风景实际上是无限的。在冥想练习中，如果没有地图的指引，我们很可能会在原地徘徊数日或数十年，无法从我们自己压抑的想法、观念和欲望中体会到清晰、平和或自由的时刻。没有地图的指引，我们可能也很容易被刚才所说的话吸引，也许会将特殊结果的承诺理想化，陷入关于“到达某处”的幻想和自我欺骗，仿佛获得了清晰、平和或自由，在这种表面上的悖论中，听起来很像真的有一些特别的地方可以抵达。有，同时也没有。这就是为什么我们需要一张地图，需要跟随已经去过的前人的指引，特别是因为当我们将更深入地看到更多细节时，某些冥想的指导会声称没有地图，没有方向，没有愿景，没有转化，没有成果，没有可得之物。还有，听上去可能很奇怪，我们练习的动机也需要被纳入方程式，这样我们就不会因为秉持一种好斗、贪婪、努力的态度而误入歧途，这种态度可能会在不知不觉中伤害我们自己或其他同道中人。

糊涂了？无须担心。我只是想说，你可能会发现自己对脚下正在走的道路有所了解，知道它是变幻莫测的，这会对你有所帮助。正如去了解过去曾走过这条路的人在与“无限”短暂相遇之际所绘制出来的路线图那样，无论分辨率如何，这是一个好办法，就像了解别人如何测绘珠穆朗玛峰或其他任何山峰那样。登山需要有运气、良好的愿望和随机应变的能力，但还不够，装备精良至关重要，不光是装备，还需要来自别人的信息和经验，还有地图。除了这些，为了达到可转化的程度，至少是直觉上的，用自己先天本有和后天知晓的智慧来装备自己是必不可少的。否则，很容易自欺欺人，并且冤死在大山上。即便所有的脚手架都支撑着你，活下来也非常困难，重要的是，在登山途中，不要让脚手架以及沿途与生存相关的所有细节，阻碍你饱览高山令人赞叹的美丽和存在，包括你自己的那份美丽和存在。

甚至迷路也未必是个问题。实际上这是旅程的重要部分，即便拥有最好的地图，迷路也有可能发生。迷失、疑惑甚至犯错都是学习中不可或缺的一部分。这就是我们如何把这片土地变成自己的领土，如何深入而直接地了解它的过程。[1]

---

[1] 有关这个话题在正念和MBSR中的更多信息，请参见Kabat-Zinn，J. “Some Reflections on the Origins of MBSR，Skillful Means，and the Trouble with Maps.” In Williams，J.M.G. and Kabat-Zinn，J.（Eds）*Mindfulness：Diverse Perspectives on Its Meaning，Origins，and Applications*（London：Routledge，2013）281-306。

在冥想指导书以及各种方法和技术中，冥想练习总是需要某种特定的脚手架，特别是在一开始的时候（不过说真的，通常到了某种程度，冥想会成长为第二天性，“想要”，或者“试着”，或者“提醒”变得不再必要）。脚手架也包括更大的参照系，个体在其中将会进行一次奇妙的终身冒险以磨炼自己的能力：沉入止静，深刻地内观自己的心灵本性，认出这一刻以及所有时刻的呈现本身，即是觉知的解脱维度。

就像我们需要脚手架来建一栋楼，米开朗基罗和徒弟们需要用脚手架在西斯廷教堂的天花板上画壁画一样，我们也需某种特定的框架带我们触及内在工作的本质，它就在这次吸气和呼气，这个身体，这一刻的边缘。

但就如建筑完工或者天花板已经画完一样，脚手架不再被需要，随即被撤下来，它从不属于我们要努力成就的本质部分，就仅仅是一种必要和有用的方法，以助力我们去达成目标。冥想也是这样，具有指导和框架作用的脚手架被拆除了，真的把自己拆除了，只留下从心智层面难以理解和不可言说的本质，那个本质就是觉醒本身，它存在于念头之外，甚至在念头升起之前。

有趣的是，我们时时刻刻都需要冥想脚手架，而出于同样的原因，我们也得时时刻刻拆了它，不是在以后，比如当西斯廷教堂那种宏大工程结束的时候，而是一刻接着一刻地拆。知道那就只是脚手架，无论多么有必要，多么重要，不要附着其上，这样最终才能完工。就让它一刻接着一刻地被拆除。建造西斯廷大教堂时用到的脚手架或许需要被保留在仓库里，也许历年来因为要润色、复原、修缮、翻新还得拿它出来用一用。但在冥想这件事上，杰出的作品总是在进行的同时就已经完成，每时每刻，就像生命本身一样。

换句话说，正确的指导允许冥想作为起跳点，从一开始就进入所谓的“非禅定”，即便起初这可能只是一种秘而不宣的设置，仅仅是建议以后要牢记于心。甚至“你正在冥想”的想法也是脚手架。脚手架能帮助你树立目标并维系冥想，它的重要性还在于，通过这一点看到，实际上你正在练习。这二者是一刻接着一刻同步操作的，坐着的时候，在觉知中休息的时候，以任何形式练习的时候，超越概念性的头脑和它无休止地扩增着的故事所能到达的边际；我们甚至可以说，特别是关于冥想的故事。

这本书，和所有的冥想书，以及所有的冥想教义（meditation teaching），传承和传统，无论多么尊贵，所有的CD，下载资料，应用程序，播客，辅助练习基本上也真的只是脚手架，或者说是为了转变幻相的指月之手指，提醒我们不只是往那里看，而是那儿有东西可以看，可以拿。我们的注意力可以固着在脚手架或手指上，也可以重新聚焦，直接去了解正被指着的客体。选择权总是在我们手中。

在我们开始冥想之旅的最初就了解并记住这一点极为重要，如此，我们就不会迷失自己，也不会发现自己只是在概念上执着于某个观点，某个特定的导师，教义，方法或是指导，尽管它们看起来十分诱人，让人满足。在这一领域没有觉知的风险是，我们可能建构出一个令人信服的故事，关于冥想是什么以及它对我们有多么重要，还可能陷入此种叙事之中，而不是在我们唯一必须认出的那一刻认出实际上“我们是谁”以及“我们是什么”的本质，而那一刻并不在彼时。

第十六章

伦理和业力

当然，即使是脚手架也需要地基。在流沙、泥土之上搭建脚手架可不是什么明智的做法，因为那样一切都很容易坍塌。

正念练习和所有冥想探询的基础即伦理和道德，其中首要的是不伤害的动机。为何？因为如果你的行为不断地让正用于观察的工具，即自己的思想，变得模糊而动荡，则不可能有希望在自己的身心内部了知止静和安宁（更不用说把自己的思想作为了解事物的工具来感知表象下的真相），或者在世界具身体现和践行这些品质。

我们心知肚明，当以某种方式犯规越界时，当我们不诚实，撒谎，偷盗，杀害，导致别人受伤害时，包括性行为不端时，诋毁他人时，当我们以滥用物质的方式，比如嗑药或酗酒来刺激、钝挫或污染自己的精神，借此从不开心的事里摆脱出来并渴望从某种痛苦中解脱出来的时候，后果总归是破坏性的，会给自己和他人带来不为人知的伤害，不管我们是否知晓，是否并不在乎。在如此行为的后果中，毋庸置疑，它们会使我们的心灵蒙上阴影，使各式各样的能量充斥其中，这些能量会阻碍宁静、稳定和清明以及随之而来的灵动深邃的觉察。它们也会让身体付出代价，致使身体容易出现长期挛缩、紧张、攻击、防御，充满愤怒、恐惧、躁动和迷茫，最后变得孤独，并且极有可能充满悲伤和悔恨。

为此，最要紧的是检视我们实际上是怎样安置生活的，在做什么，我们的行为如何，并且留意我们的思想，语言，行事对这个世界以及自己内心所造成的后果。如果我们不断地在生命中制造躁动，并对自我和他人造成伤害，那么在冥想练习时，就会遭遇那种躁动和伤害，因为那是我们在纵容的东西。如果我们希望在心灵中有一定的平和，只有不再纵容那些有害的倾向和行为才能获益，这是个常识。通过这种方式，就只是有意愿去认出并摆脱那样的冲动，我们便开始从不健康的，也就是从被佛教徒古雅而精准地称为“不净”的状态和破坏性的心态中转变，让行为更为健康、洁净，减少身心阴霾。

贪婪，任何不能免费拿的都想占为己有，不诚信，不讲伦理道德，残酷而充满恶意，被以自我为中心，以他人为代价，愤怒和仇恨的心态驱使并撕扯，在困惑中迷失，躁动，自大和成瘾，所有这些心灵品质都难以使内在生命得到满足、寂静与平和——更何况它们对这个世界的害处。然而，正念允许我们与这样的心态一起工作，而不是仅仅去否定和压抑它们，或继续发泄它们。当这样的能量来访时，实际上我们可以觉知它们，而不是完全被消耗，我们检视它们，从它们那儿学习痛苦的根源，感受并观察我们的态度和行为给自我和他人带来的切切实实的直接影响，试试看是不是可能让这种心态成为我们的冥想导师，向我们展示如何生活以及不要如何生活，哪儿有幸福以及哪儿寻不到幸福。

在东方，所谓“业力”基本上是指我们当下的行为是如何影响在时空下游发生的事情的奥秘，对我们自己和他人都是如此。不论我们过去做了什么，业力的因果法则认为，它会在此时此地引发不可避免的后果，或微妙或明显，有些可以理解而有些不能，有的甚至无法察觉，业力源自我们原初的动机、意图和心灵的品质并自己运作，也是靠心灵的状态来调整的。总的来说，当然，通常我们根本不知道自己一言一行背后的动机，因为我们的心在那躁动的一刻被卷入，真的不知道自己正在做着什么。

往事已在身后，但已经发生的事情所累积的后果仍将伴随我们前行，不管它们可能是什么，包含着对过往的决策和行为的追悔也好，或者对那些发生在我们身上无法控制和阻止之事的愤恨也好。然而，借助恰当的努力、合适的支持和脚手架，我们可以从两方面来改变业力：尽最大努力开放地、正念地进入当下这一刻；形成一种意愿，从较为痛苦或者破坏性的心身状态转变为更为滋养的心身状态。我们以积极的方式来转化业力，将觉知带到我们外在行为之下的动机中，也带到那些经由我们的思想和语言表达的内在行为中。通过长时间维持对动机的觉知，培育仁慈的动机，以及积极地避免出于不良动机或完全无意识的反射性反应，总之，通过承诺并切实地在每时每刻都过着有伦理、有道德的（内在和外在始终如一的）生活，而不是仅仅在大体上如此，我们为深刻而持续的转化和疗愈奠定了基础。没有伦理基础，就没有转化和疗愈的根基。心太容易躁动，并过分卷入未经检视的条件反射、自我欺骗和破坏性的情绪，以至于无法为培育自己内在最深刻、最好、最健康的事物提供合适的土壤。

最终，我们每个人都要在道德和法律上对自己的行为以及其后果负责。回想一下，在裁定危害人类罪时，比如纳粹在第二次世界大战中犯下的罪行，或越南美莱村大屠杀，或斯雷布雷尼察大屠杀，国际战争法庭发现，最终，当一切尘埃落定时，无论我们的阶层或社会地位如何，保护人类的责任就落在每个人的身上。即使在军队中，有时也会有违背命令的情况。休·汤普森（Hugh Thompson），一名侦察直升机飞行员，在大屠杀发生时从美莱村上空飞过，他目睹了正在发生的一切，随即便将直升机降落在村庄正中，并命令他的门炮手向地面上任何继续杀害女性、孩子、老人的美国士兵开火。最终，在面对不道德和违背伦理的事件时，只有个体，我们每一个人才能够站在人类善良和美好的这一边。有时，这位25岁的军官和两位队友可能得采取一种戏剧性的行为[⊖]。有时，这完全是看不见的，只是选择以伦理行事，即便只有你一人知道。或者，出于良心考虑，可能得采取公民抗命的形式，就像当一个人选择公开违反一个小的法条（并愿意承担因此而导致的全部法律后果），以引人注目并抗议你所认为的不道德、有害的行为、政策、法律时那样。

在面对地域和制度的残暴及不公正时，甘地（Gandhi）和马丁·路德·金（Martin Luther King）均采取了非暴力反抗，为推动人权事业做出了巨大的努力。那时的当权政府和围观者常常将这种道德抗议者视为麻烦制造者，后者被认为不尊重法律和秩序，甚或被视为是不忠的、不爱国

⊖ 更多关于这起著名事件的详细信息，参见 Sapolsky，Robert M. *Behave：The Biology of Humans at Our Best and Worst.*（New York：Penguin，2017）656-658。

的甚至是国家的敌人。但是，更准确地来说，他们是爱国者而非敌对者。他们或许扰乱了公正，敲击着不一样的鼓点，听从并信任自己良知的智慧，用脚和身体投票，他们在道德上见证了更大的真相。请注意，在一个时代中，他们往往受人尊敬，甚至被称为圣贤。

但不管是谁，比起赞美其他人身上的伦理和道德自觉（通常只会在他们逝世很久，甚至被谋杀以后），在当下这一刻成为伦理和道德的化身总是更为困难。

最终，伦理和道德并不关乎英雄和领袖，以及那些光辉的榜样。它们关乎我们日复一日，时时刻刻过着的生活，而我们的基本立场是：当面对心中那些驱使自己走向贪婪、仇恨和妄想的倾向，在我们最为需要时，向内心深处轻叩，寻求善良、慷慨、慈悲和善愿的资源，这些不仅仅是人们在圣诞夜轻松自在的感受，而是一种真正的生活方式，是一种生命本身的权利的实践，是疗愈、转化的基础，也是我们通过冥想，通过正念而实现的可能性。

值得指出的是，在冥想练习的最初，以某种方式提出这些固然很好，但是也很容易陷入一种好似布道的道德修辞，而且那肯定会让人们在心里提出一个正当性问题，那个拥护这种价值观的人实际上是否能做到这样呢？特别是在已经出现了很多实例以后，包括在一些冥想中心，那些具有权威和权力之人，不管是心理治疗师、医生，还是律师，他们正在违反他们自己的戒律和职业伦理守则。这些伦理守则在工作场所可能常常被忽视，在那里，权力滥用有时往往是常态，例如，好莱坞大亨、电影明星以及电视台高管和权威人士最终被女性指控性行为不端。

我们发现，在减压门诊的正念减压课程教学内容中，最真实有效地体现不伤害、信任、慷慨和善意的方法是尽最大努力使其成为自我实践的必需部分，在我们如何生活，教学以及与自己相处中呈现，让更清晰的围绕道德和伦理的对话在人们交谈分享自己的经验时自然浮现出来，它随着冥想练习，亦即生活本身而呈现。不伤害的态度以及对反应性和破坏性的心态和习惯的清晰认知与冥想指导本身密不可分，当我们一起练习时，仔细关注它们会让我们所有人更清楚地意识到某些想法和行动的好处，以及其他的风险，包括对力量差异、未经认可的关于他人的假设以及无法识别的特权的不了解。

伦理和道德在生活中更容易被看到、了解和认可，远比通过语言，甚至雄辩容易。从某个方面来说，由于你自己无疑会看，会感受，会体验，这在本质上就是正念的培育，通过亲身观察和体验我们的一言一行，所思所感，面部表情来进行（换句话说，即认出自己），无论它可能是什么，实际上确实就是每一刻，每一息，每一日。

第十七章

正念

所以，在讲了这么多正念之后，它究竟是什么？

据佛学学者及僧侣向智尊者所说：

正念是了知心智的万能钥匙，因而是起点，是塑造心智的完美工具，因而是焦点，也是自由心智的崇高表现，因而是最高点。

这凝萃于专注和觉醒之事可真不赖。

正念可以被认为是每一瞬中非评判的觉知，它以特定的关注方式来加以培育，即在此刻，非反应性、非评判以及尽可能地敞开心扉。非评判的部分并不意味着你将不会有任何评判！相反，它意味着你会发现自己有着很多的评判，但你更能够倾向于去识别它们的本质，即各种偏好、评判、喜欢、不喜欢、欲望和厌恶。因而非评判是一份邀约——尽可能地搁置评判，与此同时去留意评判正在进行的程度。

当我们刻意培育正念时，正念有时被称为“故意的正念”。当我们有意培育它时，它往往会自发出现得越来越多，被称为“不费力的正念”（effortless mindfulness）。最终，无论如何达成，正念就是正念。它是觉醒，纯粹而简单。它是觉知，是一份至诚之心的临在。

古今中外，在所有从传统文化中发展起来的冥想智慧实践中，正念可能是最基本、最强大、最普适、最容易掌握和参与的，也可以说，它是当下我们最迫切需要的。因为正念就是我们已经拥有的能力，就是去如实了知什么正在发生。内观老师约瑟夫·戈尔茨坦（Joseph Goldstein）是这样描写正念的：“留意到当下的那份心智，非评判、不干扰。正念仿佛是一面镜子，清晰地映射着它面前的一切。”莱瑞·罗森伯格（Larry Rosenberg），另一位内观老师，把正念称为“心灵的观察之力，这份力量因习练者的成熟度不同而不同”。不过，我们可以补充一下，如果正念是一面镜子，那么它对所照见的范围之内的事物的了知并非停留在“概念”层面。而且，由于正念不是二维的，我们或许可以说正念更像是一个电磁场或重力场而不是一面镜子，一个了知的场，一个觉知的场域，一个空场，就如同镜子本身也是空的，因而可以“涵容”来到它面前的万事万物。觉知是无限的，或至少在内在感觉起来如此，如同空间一般无限，没有中心也没有边缘。

如果正念是心智本具的品质，那么它也是可以通过系统性的练习来完善的。对我们大多数人来说，必须通过练习来完善它。我们已经留意到，对于练习“专注”这份本具的能力来说，我们的表现有多糟糕。而这便是冥想的全部……系统性地、有目的地培养正念临在，并且经由它，培育明辨、智慧、慈悲和其他心灵品质。这些品质有助于我们摆脱自己一贯的盲目、以自我为中心和妄想的束缚。

我们称为正念的那份专注，被向智尊者描述为“佛法禅修的精要”。它对所有佛学教义和佛教传统来说都十分关键，从中国、日本和越南的禅宗的流派，到缅甸、柬埔寨、泰国和斯里兰卡的各种内观学派。如今，实际上所有这些流派及其传统都已在西方文化中建立了牢固的根基，并在那里蓬勃发展。

在过去两代人中，这些流派和传统来到西方，也是相对近期发生的事情，是佛陀涅槃后几个世纪源自印度的一个重要历史性发展，它最终以各种形式传遍了亚洲。最近又开始重新传回印度，而这些传统在印度已经衰落了几百年之久。

从工具性的角度来说，培育正念为我们提供了触及内在觉知的可靠途径。我们越能对每一个当下加以关注，保持非评判，就越能够安住于觉知本身，成为觉知中的那份觉醒。与此同时，从非工具性的角度来说，正念和觉知已经是相同的两个概念。不需要任何发展。充满悖论的是，我们已经拥有正在寻求或者希望培育的东西，我们需要做的仅仅是不要挡自己的道，而极具讽刺的是，这常常需要花点时间。在下文中，我们将把正念和觉知作为同义词来使用，认识到工具性与非工具性并不是分离的两个层面，而是在一个更大的整体中彼此渗透和补充的层面。而且，由于关注或觉知并没有什么特别之处（与佛学关系不大），在本质上正念即是一种修行，与觉知同义，因而它确实是普适的。比起各种主义、信仰或文化，它更关乎人类心灵的本质。它与我们了知的能力有关（如我们已经观察到的，叫“有情”），而不是某种特定的宗教、哲学或观念。最终，正念是一种存在之道。它不是一种技术、一门哲学或一种教学法。

回到镜子这个比喻，无论大小，它的基本优点就是可以涵容任何景观，无论它朝向哪里，是否明澈，是否蒙尘，或者是否因年岁增长而变得暗淡。没有必要把正念之镜锚定或限制在某个特定的视角，以免把其他同样重要的内在和外在景观排斥在外。了知的方式有很多种，正念纳入和包含了这所有的一切。就如同我们说有一个真相，而不是有很多真相，但在不同的时空和各种文化背景中，真相有很多被理解和被表达的方式。

然而，从别的角度来说，镜子是对正念的一个有局限的比喻，虽然很多时候这个比喻显得格外有用。镜子不仅是二维的，而且它呈现的是一个反射像，因而它所展示的是与实物相反的虚像。如果你从镜子里观察面部，这并非世界所看到的你的面部，这是你面部的镜像，它并不能如其所是地映射事物，只是为你展示了一个好像如此的错觉。

在几乎所有的现代和古代文化中，正念都是极具价值的，这可能并不是因为它的名字，而是它所具有的特性。确实，可以说我们的生活和临在有赖于镜子般的清澈心智，以及它映射、涵容、遇见以及极其忠实地了知事物的本质。譬如，我们的远祖需要时刻对他们的处境做出即刻和准确的评估。在任何一个时刻，他们能否做到这一点将决定一个个体甚至整个社区的存亡。因而，当今地球上的每一个人都是存活下来的祖先的后代。能够注意正在发生的事情，并即刻知晓它所知道的是可信的并因此采取行动，这类心智显然具有进化上的优势。有些远祖的镜子有缺陷，他们所做的决策可能无法有效确保自己活得够长以传下基因。以此方式，清晰的镜面具有绝对的选择优势，可以即时识别并精确映射所有通过感官之门而来的任何影响生存的信息。

我们是这种不断自我完善的选择过程的后代。从这个意义上来说，我们全都高于平均水平，远远高于平均水平。当你停下来这样考虑的时候，我们真的是奇迹般的物种。

几个世纪以来，人们不再像史前社会那样通过狩猎和采集以培育觉知。不幸的是，人类历史发展长河中那些“丰功伟绩”，例如农业、劳动力的分工和专业化以及新兴城市和不断发展的技术导致了人们所知的世界上的一切都处于灭绝的边缘。然而在寺庙中，人们对自己与生俱来的细致入微的觉知和洞察力的探索、绘制、保存、发展和完善还在进行着。这些特意隔绝的环境在上古时代就开始出现，并经历了几千年的沧桑，他们弃绝世间，以便更好地将精力专门用于培育、淬炼和加深正念，并将其用于研究心智的本质，其目的是充分且具身化地了知如何成为“全人”，并了知从习惯性的精神苦难和痛苦的牢狱中解脱出来意味着什么。在最好的情况下，这些寺庙是名副其实的心智研究实验室，而居住其中并将研究持续至今的修行者们仍是从事这些研究的科学家和研究对象。

这些僧侣、尼姑以及散居各地的居士将佛陀及其教学案例视为他们的真理。如我们所见，因种种业力加诸其身，佛陀安坐下来，将注意力集中于痛苦的核心问题，研究心灵的本质以及从疾病、衰老、死亡和所谓人类根本性的不安中解放出来的潜力。他的做法并没有否认这些领域中的任何一个或试图绕开它们。相反，他是通过直接观察人类经验的本质来做到这一点的，他将我们所有人共有的能力当工具，用于调查所有事物，但几乎没有人曾经如此淬炼这种能力，即坚定不移的注意力、觉知力以及从中产生的深刻而清晰的洞见的潜力。当被问及时，他并不是像某些人那样把自己称为神，使人敬畏他的智慧，敬畏他光明的表象和纯粹的存在，而只是描述为“觉醒”。这种觉醒直接源于他对人类状况和苦难的深刻了解，他发现看似无止境的自我欺骗、误解和精神折磨的轮回是有可能被打破的，与生俱来的自由、安宁和智慧就会出现。

在我们一起工作的整个过程中，我们将一遍又一遍地回到正念，回到正念是什么，回到可以培育正念的正式和非正式的不同方式，希望我们不会一直陷入关于它的故事中，即使故事不可避免地会发生。我们将从多个角度检视正念，感受进入其各种能量和特性的方式，以及这些方式与我们各个层面的日常生活、短暂和长久的快乐和福祉如何关联。

首先，我们将仔细研究为什么注意力对我们的福祉如此重要，以及它如何适配更宏大的疗愈方案并转化我们的生活和世界。

把分散的注意力自主地、一遍又一遍地带回来的能力，是判断、性格和意志的根源。如果没有这种能力，他就无法做自己的主人。一种可以提高这种能力的教育，将是最卓越的教育。但是，定义这种理想比提供实际的指导去实现它更为容易。

——威廉·詹姆斯，《心理学原理》（*Principles of Psychology*，1890）

第二部分

专注的力量和世界的不安

第十八章

为什么专注如此重要

威廉·詹姆斯（William James）在写下上一页纸上的那段文字时显然并不了解正念练习，但我相信，如果他发现确实有一种教育方法可以改善注意力，把分散的注意力一遍又一遍地带回来，那么他一定会很高兴。这正是佛教徒们在佛陀最初教导的基础上发展了几千年的艺术，这样的自我教育实用指导遍布于这种艺术中。让詹姆斯感到缺乏并为之悲伤的东西，那时在地球另一半的宇宙中已然存在，只是他无法触及。现代美国心理学的创始人清晰地指出了问题的严重性。他明白，注意力不集中是一个普遍现象，如果一个人希望完全过上一种"明断、有个性并符合其意志"的生活，那么管理好自己的注意力是至关重要的。

由于集中注意力是我们有选择地、偶然会做的事情，以至于我们常常看不到眼前有什么，甚至听不到通过空气传播并且清晰地进入耳朵的声音。也许你已经注意到了，我们其他的感官也同样如此。

我们经常摄入食物但并不去品尝它们，错过雨后湿润的泥土散发出的芬芳，甚至当我们在触摸他人时，并不知道自己正在传递什么样的感觉。实际上，无论我们所要感知的内容是经由眼睛、耳朵或是其他感官，所有这些常见的错过都可被统称为脱节。

我们把所有通过感官而形成的互相联系喻为接触，那是因为实际上我们终将通过所有的感官，通过我们的眼睛、耳朵、鼻子、舌头、身体以及我们的大脑被这个世界触碰。

尽管如此，我们通常会在很多时候处于脱节状态，并且对我们脱节的程度一无所知。

如果我们通过时不时地观察自己的内在和外在生活来检视这种现象，那么我们很快就会发现自己有多少时候是处于脱节状态的。我们与感觉和认知脱节，与冲动和情绪脱节，与思维和语言也脱节，甚至与自己的身体脱节。这主要是由于长期注意力不集中，我们迷失于自己的心灵中，沉湎于自己的思绪中，沉迷于过去或未来，消耗于计划和欲望中，流转于娱乐需求里，我们被期望、恐惧或当下的渴望驱使。然而，所有上述这些行为可能都是无意识和惯性使然。因此，我们通常可能会以一种或多种方式与当下脱节，而这个当下却正在向我们展示它自己。

而且，由于我们总是心事重重、心烦意乱，我们的脱节状态不止于无视摆在我们面前的事物，无法听到清晰地出现在耳边的声音，或者错过存在于这个世界上的芬芳、味觉和触觉。有多少次你会无意识地撞上你正在打开的门？或者无意识地将手肘撞到某个东西上？或者你携带的东西无意识地掉了下来？因为那一刻，你实际上并不在那里。因此，我们甚至会短暂地和自己的身体产生时空上的脱节，尽管我们通常费不了多大劲就能回神。难道不是吗？同样地，我们有时也会与所谓“外部”世界完全脱节，会与对其他人的影响脱节，会与所关心的事物以及可能经历和感受的事物脱节，即使那种关心已然写在了他们的脸上或以他们的肢体语言呈现出来了，只要我们让自己去留意就能知道。

然而，尽管在这种状态下，我们能和任何事物产生接触的唯一方式就是借助自己的感官。它们是我们了解自己的内部世界和被称为“世界”的外部环境的唯一途径。

我们的感官比我们认为的要多。直觉是一种感觉。本体感受（身体知道它自己的空间位置）是一种感觉。内感受（是身体作为一个整体的所有的内部感受）是一种感觉。心智也可以被认为是一种感官，而且事实上正如已经指出的那样，它在佛教教义中被称为第六感。因为我们对内在世界和外在世界的感受和了解，大部分都是通过心智过程来完成的。没有心智，即使我们有完好无损的眼睛、耳朵、鼻子、舌头和皮肤感觉，也无法使我们对所居住的世界有一个非常完整的了解。我们需要知道自己所见、所闻、所尝、所嗅和所触之物，而这些需要通过感官本身和所谓的心智之间的相互作用来知晓，这种神秘的、对感觉和意识的知晓，包括但不仅限于想法。因此，我们可以确切地将觉知本身而不是心智称为第六感。因为从某种意义上来说，觉知和心智本质上是表达同一件事的两种方式。

实际上，我们知道的很多东西都是以非概念的形式出现的。思维和记忆稍稍来得迟一些，但也很快，它就发生在纯粹的感官接触的最初时刻。思维和记忆很容易影响个体的原始体验，从而使原始体验本身发生扭曲或偏离。这就是为什么画家通常更喜欢以自己的方式绘制一幅新画，而不是仅仅由概念出发来绘制。概念有它自己的位置，但通常尾随感官接触之后并只传达那些能以新颖而令人惊讶的方式唤醒感官的原始的感觉。单纯的感知是原始的、基本的且至关重要的，因此，它也是富有创造性、想象力和启示性的。凭着完整的感官和觉知本身，我们得以用这种方式活动，而这样做正是为了能生活得更好。

> 现在我们把这种新形式
> 称作凝视屋，
> 它会向我们的小镇开放，
> 大家都来坐坐，
> 静静地倾注凝视，
> 像光，像答案？
>
> ——鲁米

在讲授注意力在健康和幸福中的重要性时，我发现心理学家加里・施瓦茨（Gary Schwartz）的模型很有用且很有启发性，他首次提出这个模型，并强调了注意力在健康和疾病中的关键作用。这不断地提醒我们，不专注会对身心产生影响。当然，在很长一段时间内，尤其如果我们还很健康，可能不专注于任何事物也不会出现什么后果，或者至少表面上看起来是如此。但是，如果无视各种各样的信号和症状，让它们长期处于未被关注的状态，同时如果你发现自己的状态对身心造成了太大的负担，那么这种注意力不集中就会导致某种脱节，并导致特定通路的萎缩或中断，而这些通路的完整性对于维系健康的动态过程又是必要的。这种脱节反过来又会导致失调，此时身心真正开始出问题，大大偏离了自然的体内平衡。失调则又会导致细胞、组织、器官或系统水平的完全失序，陷入失调混乱的过程。这种混乱反过来会导致或表现为彻底的疾病，或者换种说法，带来不安。

我们可以在任何情况下举例证明这一点，因为它适用于所有的情形。但是，为了简单起见，让我们举一个注意力不集中的例子，颈部疼痛可能首先表现为僵硬或肌肉的紧绷感。这是第一个信号，或者迹象，尤其是如果疼痛持续存在，这些迹象是应该引起关注的，不管是去看医生、做理疗或者练瑜伽，或者同时进行。不去理睬它，它可能会逐渐变得更加频繁和严重，演变成慢性的症状，这可能是一种深层次的病症正在演变中。到那时，我们可能已经习惯了它，如果疼痛还不是很严重，我们又很忙，就可能会把它当作紧张或压力的表现，然后继续忽视它。在数周、数月甚至数年的时间里，如果不加留意，这种情况要么自行消失，要么趋于恶化，尤其是在压力情境下。它也可能使我们更容易受伤，比如，如果开车时头转得过快，或者甚至只是卧床姿势不对。到那时，它可能已经成为一种已经习惯了的综合征，以至于我们学会了完全忽视或容忍它，也许是因为否认了对此需要做些什么的潜在重要性。这种脱节会逐渐导致颈部肌肉和神经失调，这种失调表现为长期的肌肉紧张和颈椎的位移，继而随着时间的推移会影响骨骼和结缔组织，从而加重病情。情况可能会越变越糟，以至于颈部不再能正常工作，并且疼痛不适以及运动和姿势的限制会不断加重。反过来，这又可能使我们更容易因感染或受伤而出现炎症，使情况进一步恶化，接着患关节炎的可能性会大增，更严重的疾病会带来更多病症或大量不适。

出于同样的原因，我们可以说注意力，尤其是明智的注意力，而不是神经质的自我关注和疑病症，会重建并加强联系或联结。联结反过来会带来更好的调节能力，从而带来动态的秩序性，这是自在的标志，是幸福，是健康，而不是疾病。为了做到这一点，当然必须通过意图来保持和滋养注意力，因此注意力和意图就像两个亲密的伙伴在相互支持，像阴和阳、明智和慈悲一样为健康和疗愈打下基础。

在上面的示例中，我们通过集中注意力来照顾颈部可能涉及以下方式，比如上瑜伽课，或者不时地好好按摩颈部，或者训练自己注意到脖子上的压力和紧张是如何在某一时刻积累的，即使只是对它的觉知也可以影响这些症状并使之最小化。我们终将与颈部的接触越来越紧密，它正在经历什么，我们能够做什么。当颈部回应我们的注意时，这种联结会带来更好的调节力。为了处理生活中积累的紧张，我们开设正念减压课程，通过学习，我们对身体信息的持续关注会不断提高，从而使颈部不再总是积累紧张而最终演变为“颈部疼痛”，也许通过学习一些简单的方法，例如把更大的正念带入颈部的感觉，我们可以感知那些早期预警迹象和症状，并能够识别而不是忽略它们。也许还可以学会如何通过呼吸来消除一些累积的紧张。通过这种方式，把那些让情况恶化的可能性扼杀在萌芽状态，并且即使在压力情境下，我们也能继续经历不断增加的“秩序”感，缓解和消除颈部疼痛，而不是去经历不断增加的颈部问题。

然而，总是有些会让我们不知不觉地陷入错觉的事物，当我们对它们集中注意力时，无论出于什么原因，我们都无法清楚地看到特定时刻正在发生的事情，从而错过了真正的联结，错过了从关注更深的联结，最终到自在、健康、明晰，甚至是达到一定程度的智慧（与颈部的关系）和慈悲（对自己和颈部都更为友好）的链条。如果不注意，那一瞬间的错觉本身可能会导致误解，导致对情况或形势的错误评估，并由此导致对其特定原因的误判。

接下来又可能导致彻底和最终的错误，我们自以为正确认识了事物的实际情况（其实是错误的），开始采取一连串的行动，从错觉，到误解，到错评，到误判，到失误。它发生在我们日常生活中实际犯错的那一刻，这些错误通常是由错觉和误判引起的。如果不加以检查，这可能会成为一条通往心理、社会和身体上不安后果的平行路径。

在颈部疼痛示例中，我们的错觉可能表现为对颈部的转瞬即逝的感觉过分执着，以至于可能会夸大疼痛，把小丘陵说成是高山，也就是说，它会导致臆想症，甚至让我们不必要地戴上颈托，而不会以可能使它更结实、更灵活的方式锻炼颈部。我们也可能会四处走走，告诉自己这只是一个慢性的颈部问题，错过深入了解它的所有机会。我们可以称这种形式为不明智的关注，其根源在于反应性的自我关注，使我们陷入了与另一种秩序的脱节。

这种不明智的关注也会表现为在国家层面过度频繁地推动事情的发展，当人们根据错误、不完整、被错误分析的信息或被原始动机驱使而制定新政策或做出决策时，通常不经核实，就让对个人利益的考量超出了对整体福祉以及如何促进整体福祉的考量。这种错误认知和失误导致的后果十分严重，会导致错失各种各样的机会。而通常如果感知之镜在一开始就缺乏清晰度，并与注意力相抗衡，那么这种错误可能使原本紧张的事态更为激化。出于这些原因，无论是在字面意义上还是在象征意义上，准确的认知和正确的理解是我们最终实现感官觉醒的能力的关键要素。

当我们通过正念练习，学会经由所有感官之门去倾听身体，并关注我们的思想和感觉之流的时候，便是正着手在我们的内在重建和联结强化上。这种专注滋养着我们与生活的熟悉感和亲密感，而生活正在身体和心灵的层面铺陈着，这份专注加深并增强了幸福感，也在关系上加深和增强了我们与生活中不断变化的事物之间的自在感。我们将远离不安，包括彻底的疾病，转而走向更大的自在与和谐，正如我们会看到的那样，走向更大的健康。

就像我们将要进一步研究的那样，无论是对于我们的机构或国家，还是对于我们的身体和心灵，专注都是至关重要的。

第十九章

不安

消毁掉我的心，它执迷于六欲七情，
它被捆绑在垂死的动物身上，
它不知自己的本性……

——叶芝，《驶向拜占庭》

有关疾病和不安，我们可以说，最根本的不安源于注意力不集中和脱节，也源于错误感知和错误归因，这是人类自我状态的痛苦，是一种未被遇见和检视的全然灾难。

正如针对企业领导者的冥想手册开篇所指出的那样，我们谈到了未经检视的出于内心渴望的呓语。实际上，在某种程度上，每个人都会从心灵深处产生渴望的呓语，渴望一种真正的神秘生活，一种充满着梦想和可能性的生活，而这些梦想和可能性常被隐藏了起来。可悲的是，我们通常不让自己知道这些，以至于我们遭受了巨大的痛苦。这些秘密常常能持续一生，我们不露声色地成为这种自欺的同谋，但这种自欺却正在侵蚀和破坏我们自己。

真正的秘密是什么？就是我们确实不知道自己到底是谁或到底是什么，对于所有我们表面上的执念、自负以及内在和外在的姿态，我们构建了它们并藏匿其后，让自己和其他人都处于黑暗中。

因为无论我们看起来有多么成功和自在，在生命的各个时期，我们的心灵难道不是被或大或小、未曾得到满足、看似无休止的欲望充满、驱使甚至折磨吗？而且我们是否在某种心理层面隐约知道自己确实被“捆绑在”垂死的动物身上了呢？但我们却不知道自己到底是谁，到底是什么。

借由短短三行诗，叶芝阐述了人类处境的三个基本方面：第一，求不得之苦；第二，我们经历的疾病、衰老和死亡之苦，而这是无常和不断变化的必然规律；第三，我们不知道自己的真实本性。

在此刻，去发现我们其实已经超出了允许自己了知的范围。在此刻，去发现我们可以拥有更大的了知，它可能让我们从那种深深的痛苦中获得解放，而这种痛苦源于我们长期习惯性地对至关重要之事的忽略。我想说，此刻早已逾期，但此刻也至臻完美。

的确，我们有时会在内心隐约感觉到不安的暗示，甚至偶尔可能会在半夜醒来，或者当亲近之人遭受深深的痛苦或死亡时，或者当生活突然崩塌，仿佛它最初就在胡思乱想中被搭建得稀奇古怪时，在那时的迷失和恐惧中瞥见这份不安。但是紧接着，我们不是最终又回到睡梦中并以各种消遣来麻醉自己了吗？

叶芝说人类的原始之病就是我们不知道自己是什么，这感觉太可怕了。因此，我们将其埋藏在了心灵深处，秘密地和日常的意识隔离开来。正如我们所看到的那样，通常需要经历一次严重的危机，我们才能被唤醒，意识到真正疗愈的可能性，并把自己从恐惧和忽视的黑暗中解放出来。

这种背离人类内在最深层次的想法让我们在身心上遭受了极大的痛苦。用叶芝的话来说，我们可能会感到自己被掏空了，被真切地“吞噬”。并且，由于忽略了自身真实的全貌，我们也被全面削弱了。然而我们可能对这一点并不清楚或难以确定。

如果忽略了我们人性中最基本的东西，这种无觉知的不安就会时时刻刻影响着我们的个人生活，它甚至会持续数十年地对我们的身心健康产生短期和长期影响。它对我们的工作和家庭生活也会产生影响，而且这种影响可能直到数年后某种形式的伤害已经发生并且我们已不知不觉地走上不明智的道路时才会被发现。它经由我们集体性地看待自己的方式和行事的方式影响着社会。它遍及各种机构，也遍布于我们塑造或忽视内外环境的方式中。

我们不知道自己是谁，也不知道自己对这种不安的忽略以某种方式影响着我们所做的每一件事情。这是究极的痛苦和究极的疾病。由此它将引起许多变异，呈现为在身体、心灵和世界的各个层面不同的痛苦和苦难。

第二十章

苦

佛教徒有一个非常著名而且有用的词，那就是不安（dis-ease）。这种不安源于我们被欲望充斥，而这些欲望把我们绑在一个正在死去的动物身上，这种不安还源于我们不知道自己是什么。

巴利语把这种不安称作苦（Dukkha），巴利语是佛陀的教义被首次记录时所使用的文字。苦的意思极难用一个英语单词来表达。它被学者们翻译成各种词，比如痛苦、苦难、压力、萎靡、不安或者不如意。

佛陀教义的第一圣谛就是苦的集中性、普遍性和不可避免性。由不安引起的内在痛苦，总是微妙或不那么微妙地影响着生命的深层结构。佛教所有的冥想实践都围绕着对苦的认识，对苦的根本原因的识别及对灭苦途径的描述、发展和部署，这使得我们每个人都可以从苦的压迫、蒙蔽和禁锢中解放出来。其实让我们从苦中解放出来的途径只有一条，它是一种有针对性的方法，让我们把自己从持续隐藏着的秘密中唤醒的方法。那是什么方法呢？就是通过智慧地关注我们自身体验中正在发生的一切，而不是像通常那样要么根本不关注，要么沉迷其中，编造浪漫幻想，无望地默默忍受，与之抗争乃至完全被其淹没，或者以无休止的分心来逃避它。这条途径为引导我们走向更加令人满意和真实的生活提供了可能。因此，如果苦是不可避免的，那么苦的普遍性真相其实并不是痛哭流涕和消极哀叹——正是因为这种不满和偶尔的痛苦既不是持久的，也不一定总是有局限性。即使是面对它最令人恐怖的方面，我们也可以处理它。它能成为我们的导师，向我们展示如何从苦的束缚中把自己解放出来。

重要的是，我们探索摆脱痛苦和苦难，获得更真实、更令人满意的生活的可能性并非只为了自己——尽管这本身就是一项成就，也可能是把我们引入正念练习的动力——而这种探索是以极其真实和非浪漫的方式来造福和我们的生命有着千丝万缕的联系的所有存在。事实证明，有很多的存在，实际上是整个宇宙。

正念的培育是所有这些冥想实践的核心，其目的是通过对苦的认知把我们从苦难中解放出来，正念以一种全然不同的方式与这种普遍存在的不安相联系，用拥抱和合作来解决问题，可以毫无偏差地观察它最私密的特征。正如我们已经说过的那样，正念可以被认为是一种开放的、非评判的对当下的觉知。它是一种对体验的直接的非概念性的了知，它随着体验生起、短暂流连以及悄然而逝。

佛教的全部教义是为了让我们从为自己编织的妄想中觉醒过来，从习以为常的过去经验中觉醒过来。在觉醒中，把自己从痛苦和苦难中解放出来，而这种痛苦和苦难是源自对现实本质的误解，这种误解是由局限的自我导向的观点导致的。这份误解来自我们对欲求的抓取和执着，以及对恐惧的回避。

在过去的 2600 多年里，佛教内的各种冥想传统已经发展、探索和完善了一系列高度复杂和有效的培育正念的方法，同时也培育了在正念练习时油然而生的智慧和慈悲之心。有很多扇大门可以进入正念的房间。尽管从每一扇门看出去的风景可能在某些方面会有很大差异，但重要的是，我们进去了。无论出于什么原因，你选择的一定是一扇与你最为相投或最方便的门。而最重要的是，那份邀约是请你进去，进去，进去，而不是站在门口对它评头品足。

正如托马斯 • 卡希尔（Thomas Cahill）所论证的那

样，中世纪的爱尔兰人通过在欧洲复制僧侣的古老手稿来保存西方文明，犹太人的天赋是向世界首次清晰描述了历史长卷展开的时刻。因此，当个人和先哲联结时，我们感觉到了个人发展的可能性。可以说，佛陀的历史形象和他的追随者为世界提供了一套概念清晰的算法，一条探索之路，这是佛陀自己追求的、对人类本质最根本的探究：全神贯注、全然清醒，摆脱一切可能的自身束缚，包括摆脱未经验证的思维和感知习惯，以及与之如影随形的痛苦情绪。

第二十一章

“苦”的磁石

想想这个。不管你是想称它为压力、疾病，还是“苦”，显而易见的是，在我们的社会中，医院是主要的“苦”的磁石。在任何时候，它们的力量场域都牵引着我们之中正饱受疾病、不安或者以上二者的折磨的人，和正饱受压力、疼痛、创伤以及所有病痛的折磨的人。人们在走投无路的时候走进医院或被送去那里。通常，医院不是我们去找乐子或接受启蒙的场所，但当我们在寻求治疗时，医院就是我们要去的地方，即使疾病可能无法治愈，但我们也期待身心状况能有所改善。我们满怀希望而去，期待充分而恰到好处地被满足、被关注和照护。如果足够幸运，也许我们会在正遭遇的和需要做的事情上“顿悟”。

鉴于医院对苦难的吸引程度，有人可能会想：还有更好的正念练习场所吗？最为权威的佛陀本人也说，正念练习是超越悲痛和哀伤，消除痛苦和悲哀的直接途径，总而言之，正念练习可以使人从痛苦中解脱。如果正念真如佛陀宣称的那样有力、基础和普适，那么接触一点正念，就能对许多走进医院或被抬进医院的人都大有裨益吗？当然，提供正念练习不能代替良好而富有同情心的医疗服务，但无论他们接受何种治疗，正念都可以作为潜在的重要补充。还有什么更好的提供此种练习的场所吗？这不仅可以提供给病人，也可以提供给医院员工，很多时候，他们和病人一样紧张。

正念减压课程就是如此应运而生的。一开始，它提供给那些正经历着医疗照护体系崩溃的患者，他们并没有从可及的医学治疗中获得完全的帮助。我们发现原来有很多这样的患者。还有非常多的患者，传统医学治疗无法改善他们的情况，或者他们的病情非常棘手，因为几乎没有药物可选用，因而其疾病无法被治愈，他们也被包括在其中。我们很高兴能够为他们提供一个机会，让他们去为自己探索可能的边界。

然而，该课程很快就吸引了医院里更多种类的患者。毕竟，“减压”具有天生的吸引力。人们对走廊上“减压”标识普遍的反应几乎都是“我可以试试”，当然，很多时候他们又会接着说“但是当然，我没空去做”。不过现在，离一开始几乎有四十多年了，越来越多的患者甚至医生逐渐认识到，如果患者不试用这个课程，他们可能会负担不起医疗费用，于是他们开始更认真地关注这个长期以来无人问津的角落。

从一开始，正念减压课程给了医生一个广泛的跨学科专业的新选项，以提供给他们的病人。开设在医院里的减压诊所，以门诊患者为基础，可以让他们学着为自己做些什么，作为他们正在接受的治疗或课程的补充，这是极其强大且难能可贵的。

同时，推荐患者参加正念减压课程也为医生提供了一个减轻自身压力的方法，这种压力来自医生无法再为这些患者提供良好的治疗选项，但患者还是会来抱怨，很多时候主要是对治疗不满或对缺乏治疗不满。现在医院里有地方可以收留他们了，在一个高度结构化、支持性以及情感安全的环境中，患者可以对自己的体验和身心状态承担更多的责任，不论他们得的病有多痛苦、多严重或者多么顽固。这个课程将为他们提供指导，让他们可以利用迄今为止未知但极为深刻和普适的内在资源来学习、成长、治愈和转化，而这种助益不仅发生在他们参加课程的八周内，还有望能够延伸至他们的余生。

在这个过程中，那些看起来被动接受健康照护的患者将有机会在自己持续的健康照护和福祉中成为全然的参与者和自己的重要伙伴。这个过程将可能发生在他们被课程导师全然看到、遇见并受到高度重视之时，仅仅因为他们是人类，因为他们原本是谁，因为他们的经历。还有，他们将被善意和慈爱的新社团网罗和抱持，即佛陀所谓“僧伽”，这似乎是人们在一起练习时自动发起的。这是我们越来越愿意视其为一种参与式医疗（participatory medicine）的基础，它可以集聚患者的内在资源并将其作为一种重要的补充，与此同时他们也在接受药物或外科治疗。

由于“医学”和“冥想”实际上共享了同一个词根，即使是回到正念减压课程起步时的1979年，在医学中心和医学院校为患者提供冥想课程，将此二者共处并置也并不像有些人想的那样牵强。

“医学”（medicine）和“冥想”（meditation）均来源于拉丁语mederi，意思是治愈。然而，mederi的原始印欧语词根带有“尺度”这一核心含义。这不是我们通常所说的“尺度”概念，即用来解释与某种特定属性的既定标准之间的计量关系，如长度、容积或面积，而是指柏拉图观点中所说的万物都有自身内在的正确尺度，那是造就它成为那种事物的属性或“存在”。医学可以被理解为当它被干扰时，恢复其内在的尺度，而冥想是对其正确内部尺度的直接感知以及对领悟本性的深刻体验。

医院不是我们社会中唯一的“苦”的磁石，它只是最明显的那块。监狱也是“苦”的磁石，那里是太多被苦难塑形的生命的目的地，苦，令他们持续不断地对自己和他人造成痛苦。令人高兴的是，监狱里也开始提供越来越多的正念课程。[㊀]

再有，我们的许多机构，比如学校和工作站，也在制作或吸引他们自己特有的“苦”的品牌，以正念为基础的一种或多种课程也很有必要地正被引入那些领域，越来越多也越来越好。按照佛陀的教导，苦是无处不在的——这是无法改变的事实。这不是说“生活是痛苦的”，这并不是“第一谛”（参见下一章），而是一个广为流传的误解。这是在说正因为“有痛苦这样一个事实”，为了从中解脱，它才需要被认出并引起重视。如同海伦·凯勒（Helen Keller）智慧地观察到的那样，唯一的途径是穿透。穿透的唯一途径是当苦出现的时候，认出它，并且逐渐深入地了解它的本质。

㊀ 参见案例：Samuelson，M.，Carmody，J.，Kabat-Zinn，J.，and Bratt，M.A. “Mindfulness-Based Stress Reduction in Massachusetts Correctional Facilities.” *The Prison Journal*，（2007）87：254-268。

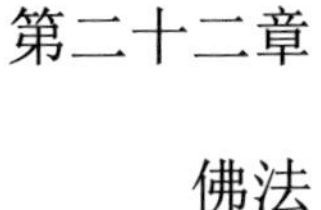

第二十二章

佛法

很显然，我们与自身经验以及所处的多重内外环境的关系的质量，始于我们自己。

例如，如果我们希望世界更加和平，那么是否可以好好看看，看看我们自己是否能够平和一点儿？是否已经准备好留意有多少时间里我们的状态并不是那么平和，而这又意味着什么？是否可以留意我们平时有多么好战？是否留意到我们在自己的生活和心灵的微观世界中有多么好斗，多么以自我为中心，多么为自我服务？如果我们希望别人能看得更清楚一点儿，那么是否可以先关注自己是如何看待事物的？是否能够在没有预先判断或偏见的情况下，在任何时候都能真正地感知、理解正在发生的事情？同时我们自己是否愿意承认这些不仅很重要，而且很困难？

如果希望了解自己到底是谁，那么本着苏格拉底“认识自己”的法则和叶芝关于“我们其实无法认识自己”的观点，我们无可回避地需要深入研究自己。如果我们希望改变这个世界，那么或许在改变世界的同时，我们更需要改变自己，特别是即便在面临对这种改变的抵制、勉强和盲目的时候，在面临个人所需要承受的无常、不可避免的变化和必须面对的处境的时候，无论我们多么想要抵触、抗议或试图控制结果。如果我们希望跃往更大的觉知，那么不可避免地，我们要让自己有觉醒的意愿，并且去深切地关注觉醒。

同样地，如果我们希望世界有着更大的智慧和善意，也许可以从学会让某种程度的善意和智慧稍微多一点儿地安住于自己的身体开始，哪怕只是一瞬，只是带着善意和慈悲去接受我们自己，而不是强迫自己去适应一些不可能的理念。世界将即刻变得不同。如果我们希望给这个世界带来真正的不同，也许我们首先必须学会如何与我们自己的生活和知识建立联系，或者至少在这一过程中学习，这始终是同一件事，因为这个世界并不会一味地等待我们，它是和我们一起在亲密互惠的关系中展现的。假如我们希望以任何方式成长、改变或疗愈，也许应该少些刻板和贪萎，多些自信和慷慨。也许我们必须首先品尝无声和止静，从而知晓在静默深井啜饮甘泉本身就是一种疗愈和转化。这种转化经由拥抱此时此刻，探看种种觉知来实现，而这种觉知包含了我们最根深蒂固和无意识的倾向。

所有这些都已流传数百年。但在这数百年间，在各种文化和宗教传统的管理下，像冥想这样的解放性修习大都被囿于寺院。出于各种原因，包括它们之间在地理和文化上的巨大距离，同时由于作为对俗世的摒弃者和俗世之间的距离，这些寺院往往是孤立的。有时寺院中的修习显得十分神秘，这种修习在某些情况下只限于寺院，并且是排他的而非普适的，至少到目前为止是这样的。

在当前这个时代，所有已被发现的事物都摆在那里供我们研究，这是前所未有的。尤其是佛教的冥想及其相关的智慧传统正空前可及，它们被广义地称为“佛法”，或者被简单地称为“法”，而它触动了数百万美国人和其他西方人的生活，这在四五十年前是难以想象的。

佛教徒所说的“佛法”是当今这个世界上的一种古老的力量，它就像基督教中的福音。只不过佛法不需要转换为宗教信仰，与有组织的宗教也没有什么关系，甚至与佛教本身也无关（如果有人想把佛教当作一种宗教的话）。但是就像福音一样，这终究是一个好消息。

“佛法”一词是指佛陀的各种教诲、宇宙的法则和“事物的本真”。在过去的一个世纪里，杰克·凯鲁亚克（Jack Kerouac）将自己和他的密友们描述为“达摩流浪汉”，同时也出现了诗人艾伦·金斯伯格（Allen Ginsberg）对“达摩狮”（Dharma Lion）的赞颂，“佛法”一词就是这样被引入英语的。此外，有一段时间，就像在美国经常发生的那样，它作为一个新奇的女性名字在电视节目中被营销，被展示在地铁站引人注目之处和公共汽车的车身上，它就这样进入了我们的生活。

佛陀最初在他所宣说的“四圣谛”中阐明了佛法的要义，他一生都在详细阐述这一基本教义。直到今天，在各种佛教传统中，人们对它的追寻仍然没有间断。它的核心方法、观察和自然法则都是借由高度自律的自我省察和自我探询、详尽而准确的记录、心智研究经验的描述以及直接的实证检验和结果确认从数千年的内在探索中提炼出来的。

即便有一种宗教是从佛陀中衍生出来的，但佛陀对佛法法则的阐述也以同样的方式超越了他的时代和当时原住民的文化，尽管从西方的角度来看这是一种奇特的宗教，因为它不是基于对至高无上之神的崇拜而产生的。

实际上，即便是“佛教”一词，在开始时也并非源自佛教徒。显然，这是由 17 世纪和 18 世纪的欧洲民族学家、语言学家和宗教学者提出的，他们试图通过自己的宗教、文化视角和默认的假设，从外部进行探索，因为这是一个对他们来说基本不透明的异国世界。两千多年来，那些以各种传统实践佛陀教义的人，甚至在一国之中就有各种流派的传统，都对原始教义有着不同的解释，他们显然只是称自己为“跟随者”或“佛法的追随者”，并没有称自己为“佛教徒”。

回到作为佛陀教义的佛法，在深入研究心智的本质之后，他阐明了“四圣谛”中的第一谛，就是普遍存在的“苦”。第二谛是“集”，是指“苦”产生的原因，佛陀直接将其归因于“贪、嗔、痴”。第三谛是“灭”，根据他在自己的冥想实验室里做实验的经验，消灭“苦”是有可能的，换句话说，完全疗愈由“贪、嗔、痴”引起的种种不安是完全有可能的。第四谛是“道”，它概述了一种系统方法，称为“八正道”，用来灭“苦”，消除无知并因此而获得解脱。这四者合起来实际上反映了一种古老的医学观点，该观点今天依然被广泛使用：诊断（第一谛）、查明病因（第二谛）、预后（第三谛）和制订治疗计划（第四谛）。而预后是非常积极的，即痛苦和贪婪、仇恨和妄想是可以被摆脱的。制订治疗计划则概述了推荐的方法。

正念是八正道的要素之一，它了知并统一其他要素。总体来说，八正道是指正见、正思维、正语、正业、正命、正精进、正念、正定。其中每一项都包含着所有其他。它们是一个无缝整体的不同面向。

当正念呈现时，四圣谛和八正道的其他七个要素也同时呈现了。

——一行禅师

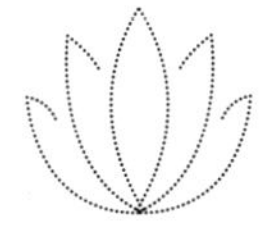

第二十三章

减压诊所和正念减压课程

让我们回到“苦”和“不安”，即便我未曾单纯地从自己的冥想练习了知并观察到自己在不断地趋于无意识，完全陷入思维和反应性情绪的旋涡，在一家减压诊所里工作也很快证实了这种无觉知的不安的确非常普遍。我们是多么渴望可以纠正它；多么渴望真正、专心致志地去体验我们的真实存在，一种不被分割的存在；多么渴望心灵的平静。同时，我们是多么渴望从无尽的肉体和精神的痛苦中解脱出来。

在我与那些想要加入课程的来访者的会谈中，所有这样那样的无穷的苦都会经由其面孔显现出来。我只是起了个头：“是什么原因让你要来上减压课程？”然后就静静地开始倾听，带着明了和承认的感受，即一个人的痛苦可能是无穷无尽的，或至少可以感觉起来如此。如果被询问者感到满足、被理解和接纳，那这个问题就会引起他发自内心的倾诉。

我从这种倾听中认识到，虽然这些来到我们减压诊所的患者是出于各种不同的原因，但最终的原因其实只有一个，那就是，想再一次地变得完整，找回他们曾经拥有的活力（spark），或者是感觉自己并未拥有但一直渴望的活力。他们来这里是因为想要学习如何放松，如何减轻压力，如何减少身体的痛苦或者学习更好地面对它，如何发现心灵的平静并重新获得幸福感。

他们参加减压课程是因为他们想把控自己的生活，摆脱止痛药或抗焦虑药物，不想如他们常说的那样，处于“如此紧张和焦虑”的状态中。人们来到诊所是因为被诊断出了心脏病、癌症、慢性疼痛或者其他医学问题，而这对他们的生活和追求梦想的自由产生了不利的影响。他们来这里是因为他们终于打开了自己，通常是出于绝望，想来为自己做一些事情，做一些这个地球上包括医生在内的其他人都无法代劳的事情，那就是把握自己的生活，并对传统的对抗式疗法做出一种重要的补充，由内而外地希望自己变得更强壮、更健康，也许在某些方面，变得更睿智。

他们参加减压课程还因为他们的生活或身体各方面都不再为其服务，而且知道药物能为他们做的也只有这么多了，但到此为止是远远不够的。他们来这里是因为医生对他们生活中的压力和痛苦有了合理的认知和恰当的命名，并把他们介绍过来，以期我们能为他们做些什么。他们来这里是因为我们的诊所就在医院里，正念和减压、冥想、瑜伽以及他们被邀请参加的所有的内部练习，其中大部分都是无声的，而且可以被视为主流医学和卫生保健的组成部分，因此它们是解决他们的问题的合理方法。

也许最重要的是，他们来了并且留下来了，是因为我们设法在房间里营造了一种气氛，这种气氛可以邀请一种深切而开放的聆听，参与者可以立即因感受到了这种气氛而开始共鸣、尊重和接纳。遗憾的是，在繁忙的医疗中心里，这种体验可能是极为罕见的。

因为我们给了每一个人充分的时间来回答那个问题："你为什么来这里？"绝大多数人愿意甚至是乐意开诚布公地讲述，这通常带着极大的辛酸，他们会谈到自己的痛苦和不安，不知所措或者不堪重负，被伤害或在某些方面的缺失，这些都远远超出了被初诊为癌症、慢性疼痛或心脏病的范围，也超出了转诊的缘由。他们的故事常常透露出他们在童年时代不被看到或尊重的内心的痛苦，长大后他们便感觉不到自己的优点、美好和价值。当然，他们会激动地谈到身体的痛苦……包括背部、颈部、脸部、腿部的慢性疼痛、各种癌症、艾滋病、心脏病和五花八门的躯体疾病，很多情况下还有慢性焦虑和恐慌、抑郁、沮丧、悲伤、困惑、疲惫、长期烦躁和紧张，以及许多有时极其痛苦的情绪状态所带来的精神痛苦。

好消息是，就像不断增长的医疗案例所记录的那样，当人们体验了正念减压课程并历经数年之后，他们从自己身上发现了这样一个事实，即最终我们每个人都可以去面对和拥抱我们作为人类的丰富性，不管我们是谁，我们都可能意识到我内心隐藏的、混沌的、令人害怕的和恐惧的东西，这些东西塑造了我们的生活，不管我们是否知道，也唤醒了我们内心深处对更加健康的渴求，以恢复和疗愈的方式在生命中如花绽放，在很多情况下，那些症状得以显著减轻。这来自无数的病例，来自经受了各种不可想象的压力、疼痛、病痛和难以想象的生活经历和状况的人们，包括“全然多舛的生命”和人生各层面全方位的辛酸史。这些案例不仅出自我们的诊所，还包括世界各地开设正念减压课程的医院和诊所的案例。我和那些在全国以及全球各个正念减压诊所工作的同事，都见证了这些改善的发生。

或大或小，或明显或微妙，人们在相对较短的时间内所能发生的转化程度总能带给我惊喜。有时，当我尚未与自己的感官告别时，我也可以在自己身上看见这种变化。令人惊奇的是，当它发生的时候，我有时甚至可以在感官离去时抓住它，从而恢复一种短暂甚至持续的平衡和明晰。

拥抱人类生活中的全部灾难并直面它，也许这最不让人期待却又已经发生的灾难是唤醒我们自己的生命并活在当下的一部分。在某种程度上，它使得那些不安和痛苦不能被忽略和回避，不管它们多么明显或微妙。它使得我们愿意转向生活中出现的任何事情并处理好它们，知道并坚信这是切实可行的，尤其是如果我们愿意自己做某种工作，觉知的工作，是一次又一次地疗愈自己并把我们带回当下，是当我们学习并记住栖息于觉知中时，它给予我们一切所需，是在我们正展开的生活中发挥它非凡的能量，就像本来那样，就像我们发现它们时那样。

第二十四章

ADD之国

简而言之，苦和不安的表现形式之一是发病率日益增长的注意缺陷障碍（attention deficit disorder，ADD），ADD是一种在注意过程中发生的严重失调。在成人和儿童中均有发生。四十多年前，没有人听说过注意力缺陷。实际上，这个诊断也并不存在。如今，它却成了一种普遍和不断增长的痛苦。

由于冥想与培育我们的注意力息息相关，你可能会想到，冥想或许有预防或治疗这种情况的可能，的确如此。然而，从冥想传统的视角来看，有一点也值得一提，在很长一段时间内，整个社会都在饱受注意力缺陷的困扰，其最为普遍的变体是注意缺陷多动障碍（attention deficit hyperactivity disorder，ADHD）。而且类似这种注意力缺陷的情况每天都在恶化。学习如何改善我们的专注力和维系注意力的能力可能不再是一种奢侈品，而是一条生命线，它或许可以让我们回归到生活中最有意义的事物，最容易被遗忘、忽略、否认的事物，或那些转瞬即逝而可能并未被留意的事物。

作为美国人，我感觉到，我们也倾向于以另一种更微妙、更隐匿的方式遭受注意力缺陷的困扰，这是出于过去半个世纪以来我们的特定文化取向。那就是，我们缺乏来自他人的真正关注，并为此感到失落。在这种痴迷于名流的娱乐文化中，我们往往感到越来越孤独和不被看到——想夜复一夜地观看情景喜剧和真人秀，扮演别人的生活或幻想，或者在网络聊天室里，在脸书、Snapchat或Instagram上寻找最亲密的关系，不断地寻求喜爱的东西、赞赏和联结。我们不也执迷于自我消耗吗——想想看你那些永不停息的欲望：消磨时间，去别的地方，或者去获取你觉得自己缺少的东西，所以你会为此感到满足和快乐吗？

在我们的孤独中，在为了寻找一瞬间有意义的联结而看似不断自我分心的冲动中，有一种深刻的渴求和欲望，通常是无意识或是被忽视的，就是想要归属感，想成为更大整体的一部分，不想隐姓埋名，想被理解和看到。对于关系，交换、给予和接受，特别是在情感层面，是我们提醒自己在这个世界上有一席之地的方式，也是我们在内心里知道自己确实属于这个世界并有所作为的方式。体验与他人有意义的联结会带来深刻的满足。我们渴求那种归属感，那种联结于比自己更大的事物的感觉，我们渴望被他人感知，渴望别人注意并珍视我们本身而不仅仅是我们做了什么。但大部分时候，我们并不是这样存在的。

我们很少因为被他人慈爱地注视和被真切地理解而感动，他们大部分人行动太快，太专注于自己，以至于不能长时间关注其他人。在郊区和乡村社区，我们的生活方式往往是孤立隔绝的。现在，即使是城市的邻里文化也倾向于隔离、孤独和不安全。孩子们一个小时接着一个小时地看电视，或者消失在电子游戏和智能手机中，而不是和街坊邻里一起玩，部分原因是为了确保安全，部分原因是出于习惯、成瘾和无聊。当他们把注意力转向电子设备时，完全是被动的、回避社交的，这使他们无法长期集中注意力于自己的内在和具身的关系。很多研究表明，儿童的积极的社会参与在减少。作为成人，我们可能不再认识我们的邻居，当然我们也不再像前辈们那样依赖邻里关系。如今，邻里关系浅薄是社区真正的样子。

这个时代，即使是在家庭中，很多幼儿的父母常常压力很大，忙得不可开交，他们处于对孩子不能保持临在的高风险中，哪怕他们的身体在那儿。父母们长期不知所措、心不在焉，乃至于他们甚至可能在很多时候都没看清楚自己的孩子，或者即便在孩子苦恼的时候也想不起要抱抱他们。所以家庭中没有人能持续地得到他们所需要或应得的关注。

在医疗方面，就只是让你的医生关注你也很有挑战性或者不太可能。医生给患者的时间太少了。他们被日程表上的压力所压榨和胁迫。意外的疏忽会成为一种职业危害和特定的问题。好的医生会竭尽所能地防范它，但哪怕是最好的医生，在这个照护“管理”时代（按比例配给和受利润增长驱动）的医疗时间压力下也会崩溃。

我们现代人（Homo sapiens sapiens）在地球上存在了 10 万余年，其中的大部分时间里我们是狩猎者和采集者，1 万年前，我们转向农耕种植和牲畜饲养。那时，注意力缺陷可能没这么普遍。请注意，“sapiens”本身是拉丁语中动词“sapere”的现在分词（意指在当下展开的），包括知道、品尝、觉察、变智慧等含义。我们是“知道着的”一族。我们这个种族有能力去了解事物，并领会所知，换句话说，有能力变得智慧，具备多元觉察力，有觉知的意识——或许我们为自己起的名字很能说明问题。

如前所述，我们从事狩猎采集的祖先们必须持续地聚精会神，否则他们可能会挨饿、被吃掉、迷路，或因无遮无蔽、暴露在外而受伤。既然孩子在社区诞生，那么仔细留意和读懂自然界信号的能力必然包括读懂彼此的面部表情、情绪和意图。出于所有这些原因，任何注意力缺陷都有可能与进化背道而驰。如果缺乏专注力，你不可能活到生育并把基因传递下去的时候。

同理，农民天生能洞察土地和新生命的节律并且懂得如何悉心照料它们。早在用钟表和日历标记时光流逝之前，留意自然、日、时、季的循环并与之相适应，对生存来说至关重要。

难怪当我们寻求宁静时，很多人在自然界找到了它。自然界没有人工雕饰。窗外的树上立着鸟儿，它矗立在如今这片曾是原始荒野的残存之地，它仍然受到保护，在人类的时间尺度之上永恒。自然界总是在定义现在。我们本能地感受到自然的一部分，因为我们的前辈由此而生也融入其中，并且，自然界是唯一的世界。它为栖居者们提供了各种各样的体验维度，为了生存，所有这一切都需要去理解，包括人们有时所说的灵界或神界，那些即使不可见，也能被感觉的世界。

季节变换，风与气象，光与黑夜，山林河海，洋流，田野，动物和植物，荒原和旷野都在与我们对话，即使是在现在。它们邀请我们并将我们带回到当下，它们定义了当下，并总是在其中（我们也是，除非我们遗忘了）。它们帮助我们专注于重要之事，用玛丽·奥利弗优雅的短语提醒我们，那就是“万物之家中，我们的立足之处”。

但是，在过去的一百多年中，我们改变了很多，因为我们已经从与自然界的紧密关系中摆脱出来了，也脱离了与我们出生的社区的终身联结。并且在过往十年左右的岁月中，随着数字革命的到来和数字技术的普遍运用，这种变化尤为惊人。所有“节省时间”和加强联结的设备会将我们引向一个更快速、更抽象、更脱离现实、（人际距离）更疏远的国度，如果我们不小心，就会与万事万物更脱节。

如今，想再专注于一事一物变得更为困难，而且我们有很多事物需要去注意。我们很容易游移，更容易分心。我们不断地被文字、推送通知、请求、截止日期、通信狂轰滥炸，并且接受了太多不需要和不可能吸收与处理的信息。各种事物在毫不留情地肆虐我们。而这几乎全部都是人为的，这背后的算法往往是在满足我们对贪婪或恐惧的诉求。这些对我们神经系统的袭击不断地激发和滋生的是欲望和烦躁，而非充实和宁静，是反应而非共融，是不和谐而非和睦，是贪婪成性而非感受我们本来的完整和圆满。至关重要的是，如果我们不小心，它们就会抢掠我们的时间和光阴。由于当下在无穷的燃眉之急中被侵袭和消耗，我们不断地压榨时间，被扯入未来，即便只是想多做一件紧急的事。时间似乎永远不够用。

面对所有这些速度、贪婪和躯体上的不敏感，我们越来越多地被头脑裹挟，试图把事物弄清楚，并保持在事物之上，而不是去感知它们真正的样子。在一个不再纯真自然，不再鲜活的世界里，我们发现自己在不断地和拓展我们极限的机器发生交互，不管是汽车上的收音机、汽车本身、卧室里的电视机、在厨房里出现得越来越多的电脑，还是随处可见的智能手机，由于滥用它们，我们正屈服于远离现实世界。

自过去几代人以来，我们持续加速的生活方式已经使专注于一事完全变成了一种丢失了的艺术。数字革命加剧了这种失落（如果你有点年岁的话，回想一下，就只是短短几年），它迅速地找到了进入我们日常生活的途径，它的形式包括台式电脑、传真机、BP 机、手机、带摄像头的手机、用于个人组织的掌上设备、笔记本电脑、7 天 24 小时的高速连接、因特网和万维网，当然，还包括电子邮件，现在所有的一切都越来越无线化了，在不久前这些还是无法想象的梦境，科幻小说里的东西。尽管这些数字化的发展带来了不可否认的便利、实用性、机会、效率、更高效的协作、信息、组织、娱乐以及便捷的在线购物、银行业务和通信，但这场才刚刚起步的庞大技术革命已经不可逆地改变了我们的生活方式，不论我们是否已经意识到了这一点。

毫无疑问，它才刚刚开始，但已经彻底改变了我们的家庭和工作方式——如今很多人日复一日，整天坐在控制台前，瞪着屏幕，打字或点击图标。大致上，大部分的工作已经转化为巨大的劳动力片段——并且在我们的日工作量以及因此能完成的指标和即刻产出上加大了赌注，无论我们或“他们”想要什么。这种新的工作和生活方式突然之间将我们淹没于无尽的选项和机遇中，被打搅，分心，有了高度的“响应能力”，对微不足道的琐事也紧追不舍，随波逐流。“待办事项”清单永远在加长，我们总是从这一刻赶向下一刻。

所有这些都威胁着我们保持专注的能力和意愿以及在开始某种行动之前深入了解事物。在写电子邮件的时候，我们能看到这种注意力的缺失，当我们点击发送，仅仅在下一秒，就想起忘了加上刚刚想过要说的话，或者忘了本来决定不说的但已经说了，或者真的想说些什么，却没有说……但邮件已经发出去了。

技术本身破坏了我们可能倾向于反思的任何时间。有时，它会让你忍不住想要把它拿出来，然后向下滚动到下一件事，去看收件箱中的下一项。我们可能会暗自叹息，然后就算了，或者如果可能的话，再发送一稿改好的。对于过早溜走的电子邮件，我们还能做些什么呢？

但是通过这种方式，一种普遍的平庸会渗透到我们的日常话语和互动中，特别是如果我们对每时每刻中隐匿的抉择没有正念的话。正如一些 ADD 专家所观察到的那样，我们被所有诱人的机遇和选择逼得分心。我们甚至常常在强迫性地处理多个任务的时候，不停地打断自己，我们自己已经对集中注意力并指向一个对象的意愿和能力感到如此陌生。

我们驱使自己分心，人类世界驱使我们分心，而我们成长的自然界却从不这样做。人类世界，尽管有着各种奇迹和馈赠，也在用越来越多无用的东西轰炸我们，引诱我们，激起我们的幻想，呼唤出我们无穷无尽的渴望。如此，那个对任何一刻的存在感到满足，真切地赞美这一刻，而不是必须把它填满或者移动到下一刻的可能性，被侵蚀了。哪怕我们在抱怨没有时间时，时间也被窃取了。它促使心灵摇摆不宁，注意力无法凝聚。哦，我们本可以在专心致志中工作，并在工作中专心致志。

实际情况也很悲惨，目前有大量的幼儿在接受 ADD 和 ADHD 相关的药物治疗，其中甚至有不到 3 岁的孩子。在很多这样的案例中，如果这些行为未得到规范，有没有可能是成人诱使孩子分心和多动，因此严格来说，注意力缺陷在当前的环境中是正常的吗？也许，孩子们的行为只是家庭生活的一种更为普遍的疾病症状，也是这代人总体生活的样子，就像我们在儿童和成人中看到的猖獗的肥胖流行病一样。

如果忙得不可开交，如果我们迷失在头脑中（即便身体在当下），如果我们大部分时间总是在工作，包括夜晚和周末，如果我们在家煲着电话粥，还要兼顾家人所有身体上的需求并组织安排家务，那么我们做父母的很少能临在。或许我们的孩子，即便是很小的孩子，也正在遭受完全失去父母的痛苦，以及那背后巨大的，几乎是遗传的悲伤。也许他们缺乏的是父母的关注，缺乏真实地活着、呼吸着、感觉着、身体依偎着的感受，对孩子来说，这些是更靠谱的东西，而非飘忽不定的临在感。

毕竟，这是成人的世界，所以我们成人得思考。因此，如果我们成人被迫不断地或多或少地分心，难以长时间专注于一事，也难怪越来越多的孩子可能会那样，因为自从他们出生，还是新生儿和婴儿的时候，他们的节奏就在和我们相匹配，不是吗？

又或许，在有些情况下，孩子们压根并非真的得了ADD，至少在他们接触手机和即时信息之前不是这样。他们可能只是一些精力充沛的普通孩子，自带这样的气质。但他们现在可能被发现甚至被诊断为有课堂问题，患有ADD或ADHD的行为偏差者，因为成年人不再有时间、意愿或耐心不断地应付童年时期正常的旺盛精力和挑战。

我们很多人感觉被环境所困，但同时我们也沉迷于生活的高速发展。甚至我们的压力和苦恼也可能会让人感到异常满足或完全陶醉。所以当孩子和我们自己发生冲突时，我们也不情愿放慢脚步，让自己全然沉浸于当下，充分满足孩子的需求，即便孩子非常真实并不断变化的需求并非由于他们患有行为障碍，而只是因为他们是孩子。

如果孩子不得不在我们这样患有 ADD/ADHD 的家庭中，和我们生活在一起，并且不得不到被过度管理的患有 ADD/ADHD 的学校去学习空洞的课程，他们就可能会屈从于某种不安。这是由巨量的片段化、非整合的信息导致的。然后，作为这种动机的产物，他们会自己准备好，找到进入我们患有 ADD/ADHD 的社会的途径，并且以有效、可行的方式来联结工作、人际关系和自己的生活。想想看，即便这只是部分准确的特征，哪怕不是惊恐发作，也可能让人头痛。

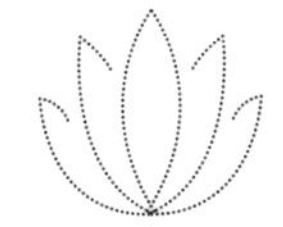

第二十五章

24/7的联结

稍加注意就能认识到，我们的世界正以人类神经系统之前从未体验过的方式，在我们眼皮底下发生根本性的变化。鉴于这些变化之大及其对我们生活、家庭和工作的影响，时不时地反思它们是如何影响我们的生活的，可能是个好主意。所以，将正念带入24/7联结的整个场域，以及它正在为我们、对我们做的事情，可能也是个好主意。

我猜，在大多数情况下，我们几乎没有注意到。我们已经在适应新的可能性和挑战，学习使用新的技术来做更多事情，并且做得更快，甚至更好，在这个过程中，变得完全依赖它们甚至成瘾。无论我们是否意识到了这一点，我们被卷入了时间加速的潮流，没有任何放缓的迹象。新技术被吹捧成能同时提高效率、拉长闲暇，如果不使用它，我们的效率和闲暇就有可能都被抢走了。不过你知道哪个人更悠闲了吗？这种概念在我们这个时代似乎很陌生，仿佛让我回到了20世纪50年代。据说，当今的生活节奏被势不可挡地以指数级别加速，即摩尔定律［在英特尔创始人戈登·摩尔（Gordon Moore）首次提出之后］支配着集成电路的尺寸和速度。每过18个月，下一代微处理器的算力和速度会增长2倍而尺寸会相应地缩小2倍，同时成本保持不变。想想看：处理速度越来越快，体积越来越迷你，价格越来越便宜的电子产品，让人一眼看不到头。这种组合运用于工作和家庭、消费品、游戏和便携电子设备的计算机系统方面极为诱人，当我们随心所欲地对来自四面八方越来越多的电子邮件、语音邮件、传真、网页、手机进行应答时，很容易就会彻底上瘾，并失去所有的度量和方向感。确实，除了成堆的垃圾广告，侵入式广告无处不在，无法回避地对我们感官的轰炸，大部分是来自我们在乎和愿意联结的人。但是如何平衡呢？面对即时和无处不在的联结，我们如何规范其节奏，又如何调节对即时回复的期待呢？

通过数字设备和智能手机，如今我们可以轻易地与他人建立联结，从而随时和任何人保持联系，可以随时在任何地方开展业务、收发短信和通电话，或随时随地查看电子邮件。但是你是否想到过，在这个过程中，我们是不是冒着从未和自己联结的风险呢？在整个诱惑中，我们很容易忘记，与生命最初的联结是通过自身的内在领域（自己的身体和所有的感官）发生的。包括心灵，它允许我们去触碰并被世界触碰，并且在应答的过程中采取适当的行动。为此，我们需要留白的时刻，那时，我们不用跳起来多接一个电话，多回一封电子邮件，多计划一个事项，或在待办清单上多加一件事，即使我们可以这样做。那是反思的时刻，沉思的时刻，深思的时刻，冥思的时刻。

在那些迫不及待和肆无忌惮的联结中，我们和自己的联结怎么样呢？我们并没有实际存在在那个地方，我们和其他人的联结真的靠谱吗？我们在海滩上打电话，所以我们在那里吗？我们在街上边走边打电话，所以我们在那里吗？我们边开车边打电话，所以我们在那里吗？面对生活节奏的加速和即时无尽的联结的可能性，我们是否不得不让生活中的“存在”的可能性消失？

在我们的“中间”（in-between）时刻不联系任何人会如何？意识到实际上根本没有中间时刻会如何？呼叫电话这一端而不是另一端的这个人会如何？改成打电话给我们自己，做一次检视，看看自己在做什么，会如何？我们甚至不需要手机，尽管越来越多的应用程序在提醒我们这样做。这些应用程序，包括我特地为这本书开发的那些，尽管可能有助于发展和深化正式的正念练习，但只是和我们任何时刻的感受保持联结，甚至是和那些感觉麻木、不知所措、无聊、脱节、焦虑、沮丧或想要再找件事做的时刻联结，会如何？

和我们自己的身体联结，和我们通过感知和了解外部景观而来的各种感受联结，会如何？对我们的心灵在某个特定的瞬间出现的一切保持觉知，就是比最漫不经心，最自动化的时候停留的时间长一点：在我们的情绪、感受、想法、信念上停留一下，会如何？不仅是停留于它们的内容，而且包括感觉基调，将它们作为一种能量和生命中的重大事件，作为自我理解的巨型信息库，作为催化转变，主动体验生活中的每一刻，主动和我们的领悟联结的巨大契机，在这个事实上反复品味，会如何？酝酿一幅更大的包含了所有层级的自我的图景，即便这幅图总是在绘制中，总是在尝试，总是在变化，总是在出现或总是出现不了，有时清晰，有时并非如此，那又会如何？

很多时候，我们新发现的技术连接并没有什么真正的目的，仅仅是习惯而已，并且成了一种荒诞的图景，正如《纽约客》的漫画中展示的那样。

在高峰时间的火车站，人们涌上火车，又涌下火车，所有人都把手机放在耳边。标题：“我正在上车”“我正在下车”。

这些人是谁？（噢，对，我差点忘了，这就是我们所有人。）不打电话告知这个重要信息，就只是上车或者下车会有什么问题吗？现在难道没有只是下飞机，用老派的方法去参加聚会，而手机只是备用的人吗？在我偶然的观察下，一旦飞机降落，答案是“没有”。很快，如果我们不小心的话，就会变成“我在上厕所，我在洗手”。我们真的需要知道这些吗？

告诉自己，这可能只是在我们经历中一个正念的留意，对培育在当下这一刻呈现的具体体验的觉知很有帮助。我在上车（知道）。我在下车（知道）。我在上厕所（知道）。我在感受手掌上的水（知道）。我在赞美洁净的水的来源和水如此珍贵。那就是清醒的表现。通过练习，我们会明白人称代词并不是必需的。就只是上车，下车，出发，感觉，知道，知道，知道……

告诉别人？谁会需要？经过分心、注意力转移和具体化，这个时刻就会被湮没。不知何故，单是独自体验已经不够了，即便这是我们当时的生活。

它确实给出了一个暂停……或许只是一个我们意识到自己的本质所需的暂停，但也很容易错过和自己的身体、呼吸的联结，和纯天然的事物的联结，比如非数字化的自然界、如其所是的当下以及真实的自己。

我的意思并不是说当今我们所沉迷的科技不美妙或没

什么用。手机让父母可以随时随地和孩子们联系。它们能对 9 月 11 日那天在高空飞机上的乘客发出情况警示，并显然引导了第四架飞机上的乘客，阻止了飞机撞击目标物。手机让我们找到彼此，对协调我们的行动非常有用且效果惊人。但是它们也成了车祸的主要原因，因为比起安全驾驶甚或开车时知晓自己在哪里，如今的人们越来越专注于通电话（最近的一项研究表明，人们甚至更专注于在车里拨弄收音机、吃东西和打扮自己）。它们为出去吃午饭提供了全新的含义……危险的是，在很多情况下，人们甚至处于违法的边缘。（耳边的电话："糟糕！对不起。我刚才差点撞上你了。我没看见你在我前面穿过去。我正和我的会计、律师、母亲、商业合伙人谈得天昏地暗。"）更不用说我们面临的数字技术隐私这个巨大问题，我们的每一次购买、每一次移动都可以被追踪和分析，我们的个人习惯以几乎无法想象的方式被描述和分类，这可能会完全重新定义我们自认为的私人领域。至少，这意味着你将在邮箱里收到越来越多的商品目录。

计算机、打印机及其强大的软件功能，加上随时随地通过电子邮件即时交换文件和信息访问功能（以前可能要几天时间，现在触手可及），在很多情况下，技术发展使得我们可以在一天内（单独或一起）完成近三十年前可能需要一周甚至一月时间完成的工作，或许可以完成更多，或许做得还更好。我绝不是想提倡像勒德分子那样谴责技术发展，并浪漫地希望时钟可以被拨回到更简单的时代。但我确实认为，重要的是对新的、日益强大的可用的方法保持正念，随着这些方法逐日逐年地增长，运用它们可能会让我们因为成瘾而迷失自我，忘记内在的东西，因此越来越无法和自己联结。

我们越是被神经系统从未遇见的新的、越来越快的方式卷入外部世界，发展内部世界的强大平衡能力就可能越重要，这种平衡可以安抚和调适神经系统，并让它服务于我们自己和他人的智慧生活。这种平衡可以通过将更大的正念带到身心以及我们内部和外部之间的体验中来培育。包括我们在使用技术保持联结的每一刻，或者当那个冲动升起的时候也可以这样做。否则，我们可能处于机械生活的高风险中，在那里，我们甚至将不再有时间思考谁正在做着这些，谁更愿意去某个地方，以及是否真的是这样。

第二十六章

部分持续的注意力

托马斯·弗里德曼（Thomas Friedman）在《纽约时报》上引用了前微软研究员琳达·斯通（Linda Stone）“部分持续的注意力”的说法，来描述我们大脑当前的状况。他继续写道：“我喜欢用这个词。它意味着当你回复电子邮件时，你还在和孩子谈话；当电话响起时，你还在与他人交谈。现在，你卷入了与事件持续不断的交互中，而你在其中总是只能部分地专注于任何一个事件。”

斯通女士说：“如果要去完成某件事意味着把自己承诺给某个人或某个体验，这就需要一定程度的持续性关注。”那正是我们在失去的技能，因为我们不断地扫描着世界，以寻找机会，我们总是害怕错过那些更好的东西。而这在精神上造成了令人难以置信的损耗。

弗里德曼继续写道：

有那么多人给我办公室打电话，问我在不在，如果不在，那么他们会立即要求接通我的手机或者传呼机（而我两个都不带），对此我感到非常震惊。这下你再也不会有外出状态了。现在的假设是你总是在办公室的，你不出去了；而当你总是在办公室的时候，那你就总是在线的；当你总是在线时，你最像什么？像一台电脑服务器……

问题在于人类根本不是按电脑服务器来设计的。至少有一样，人类的设定是每晚要睡八个小时……正如耶鲁大学管理学院名誉院长，《CEO 的大脑》（*The Mind of the CEO*）一书的作者杰夫·加滕（Jeff Garten）说的那样："也许现在不是我们要去适应或死掉的时候，而是科技要去适应或死掉的时候。"

但是如果没有做出更大的承诺，变得更加正念的话，这种适应是不可能的。如今，在很大程度上，由于办公技术的创新，越来越多的工作变得没有尽头，这些逃不出你的注意力。我们不再有工作日，由于在任何地方都能使工作成为可能，这使得工作扩展到了全天候。对大多数人来说，也不会再有工作周，而且工作日和周末之间也不再有界限。不再有所谓的工作场所，因为飞机、餐馆、度假屋、酒店、在街上行走、沿着自行车道骑车都可以变成工作场所、变成手机、变成电子邮件和门户网站。正如近十五年前《纽约时报》刊登的整版广告上展示的那样：“微软办公软件，随处办公无线，令人惊叹无界。”

是的，这很棒、很方便，而且在很多方面对工作的帮助都令人难以置信。在过去十五年左右的时间里，出现了越来越多这样的工作。我并不是在批评，而是有个建议：我们应该意识到它诱惑着我们，需要我们投入和输出注意力，意识到这如何影响着我们的生活。而且，请记住，当我们在时时刻刻做选择时，这同样有可能会有助于更大的平衡。我们使用的技术越多就越依赖于它，并被吸引到不断加速的诱惑中，就需要更多地问自己：“什么时候是只属于我们自己的时间？”什么时候我们是纯粹的存在？什么时候我们是在过正常的生活呢？什么时候我们的家庭足够重要，不会被打扰或被其他事情转移注意力呢？什么是只属于散步、骑自行车、吃饭、购物的时间呢？什么时候的我们只处于那一刻正在发生的事情中，没有无关紧要的打扰，没有永无止境的日程安排，也不会因为要同时完成别的事而被打扰呢？什么时候我们只是为了打发无聊的时间呢？如果时间被空出来了，我们是否还知道用这些时间来做什么呢？是否知道如何去利用好时间？是否会不自觉地拿起报纸或打电话给某人，或者开始单击遥控器——因为我们离现实的生活越来越远了。

举几个例子，2004 年的《纽约时报》周日商业版上是这么写的，这比 2007 年苹果手机诞生还早三年。

主管技术政策的商务部副部长兼思科系统公司前高管布鲁斯·梅尔曼（Bruce P. Mehlman）说："十年前，你必须在办公室待12 小时。"而他现在每天工作10 个小时，尽管不时要使用无线笔记本电脑、黑莓手机和移动电话，但有了更多与妻子和三个孩子共度的时光。

他说："我可以帮孩子穿衣服，喂他们吃早餐，帮他们洗澡并讲晚安故事给他们听。"他还可以和 5 岁的孩子一起玩乐高空战游戏，在游戏时用乐高飞机假装在空中缠斗。

他和孩子都喜欢这个游戏，这也给他带来了一个额外的好处：他可以用一只手玩，而另一只手通电话或查看电子邮件。这种多任务的操作有时需要一个窍门：尽管梅尔曼先生通常会让儿子赢得乐高空战，但有时他也会获胜，这样一来儿子不得不花几分钟时间把飞机重新搭好。梅尔曼先生解释道："当他重新搭飞机时，我就可以在黑莓手机上查看电子邮件。"

在和那些资金雄厚的竞争者们竞争时，现年 44 岁的风险投资家查尔斯·拉克斯（Charles Lax）懂得运用科技使自己保持在“和时间赛跑”的状态中。他自己也承认，自己“永远在线”。在他的办公桌上有固定电话、手机、连接多台打印机的便携式计算机，以及总是播放着 CNN 或 CNBC 的电视机。在他旁边是一部 Sidekick 滑盖手机，它是一种移动设备（现在被智能手机替代，已经过时了），可以用作照相机、日历、通讯录、即时消息工具和备用电话，还可以浏览互联网并接收电子邮件。谁都知道，只要这个设备铃声响起，他就会拿起来——而且他承认自己曾经在厕所里用它来查看电子邮件。在车里他也一刻不停。拉克斯先生说：“我总在电话上，但是我用耳机。”还会做其他事吗？就像他用 Sidekick 滑盖手机来查看电子邮件一样？他笑了，开玩笑地说：“我不会说的，因为我会因此而被捕。”

拉克斯先生说他喜欢持续的刺激。他说：“这是即刻的满足感。它消除了无聊。当我处于一种等待的状态时，我就会利用它——比如在排队、等候午餐或在星巴克取外卖咖啡时。我的上帝，在机场，你不得不等在那里时，简直是灾难性的。”

“能够实时发送电子邮件，只是——”拉克斯先生停了一下，“你可以等我一会儿吗？我的另一部电话在响。”

他回来时说，他与许多风险投资家分享过这种工作方式。“我们每个人都有 ADD，”他说，“这或许是个玩笑，但的确是真的。我们很容易感到无聊。我们同时要做很多事情。”甚至在健身房锻炼的时候，他也在查看电子邮件。

科技为他提供了一种消耗多余能量的方法。“这是一种兴奋剂。”他说。但是他也说：“对科技的依赖可能会带来不利的影响，我一直都是在和那样一些人开会，他们只专注于在电脑上做事，而非专注于在会议上做演讲的人。”

在某种程度上，我们沉迷于科技，并迷上了电脑服务器模式，至少如果到了那种程度，我们将必须把自己的生活放回首位，把每一刻的全部注意力集中到我们自己和这个世界上正在发生的事情上来。如果我们永远无法离开电子邮件和智能手机，如果我们不断地陷入无意识的多任务状态，正如弗里德曼说的，“出”已经结束了，但是“入”可能也已经结束了。什么都毫无意义，因为我们不再知道如何充分存在，或者如何全心全意地关注一件事情，即使它是一件非常重要的事情。

一次又一次的实践表明，所谓有效的同时多任务处理只是一个神话——随着我们的注意力在互相竞争的需求间来回穿梭，我们对各个问题任务的处理能力是在不断降低的。

因此，当前的挑战是问问自己，事实上我们是否可以再次真正融入自己？随着时间的流逝，我们的心念可以持续临在吗？我们可以只关注手头上正在发生的一件事情吗，无论它是什么？我们能否做到真正的下班，做回自己而不只是工作？什么时候会呢？

如果不是我们内心渴望的呓语、不是我们天生的智慧，那么又有什么、又有谁会再把我们召唤回我们自己的家？

难道在不久的将来，甚至这些都要让电话公司或某些嵌入式的芯片来做吗？

第二十七章

时间流逝之感

当你在一个不太熟悉的地方，参加一些刺激的活动的时候，是否曾经留意过那样一种内在感受？时间戏剧性地慢了下来。到异国的城市待上一星期，经历许多不同的事情，回家以后你就会觉得自己去了好久。一天可以像一星期，而一星期可以像一个月，你做了很多事情，并且玩得很开心。

如果去野外宿营，你也会有同样的感受。眼中景致不再是“走马观花”，每段经历都是新奇的，每次依旧宛若初见。因此，比起在家时，那些值得，或是我们认为值得注意的时刻会频频出现。那些在日常居家时令人分心的东西当然会少很多，除非我们驾着房车还带上卫星天线或笔记本电脑。与此同时，对于那些宅家一星期的人来说，你离开的这个星期快如闪电，仿佛你才走就回来了。

雷·库兹韦尔（Ray Kurzweil），这位电脑奇才和未来学家，也是人工智能的支持者和盲人阅读器的发明者，他指出我们内在对于时间流逝的认知是通过感觉和认识到的所谓“里程碑”事件或者值得注意的事件与系统中的“混沌程度”之间的间隔来校准的。他称之为“时间和混沌法则”。当系统中的有序事件减少而混乱（过程中无序事件的数量）增加时，时间（两个突出事件之间的时长）会慢下来。同样地，当系统中的有序事件增加而混乱减少的时候，时间（两个突出事件之间的时长）会快起来。这一所谓“加速回归法则”的推论，阐述了进化演变的过程，像物种的进化，以及科学技术或者电脑智能的进化演变。

在婴儿和儿童早期成长发育的几年中，有着许多的里程碑事件。而随着他们逐渐长大，即便系统中的混沌度（比如生活中那些不可预知的事件）在逐步增加，这类里程碑事件出现的频率也会逐步减少。由于在孩提时代两个里程碑事件之间的间隔是短暂的，因此对时间的体验类似于永恒，或者说时间的流逝很慢。那时的我们是如此投入地沉浸在当下，以至于几乎感受不到时间的流逝。但我们长大后，一贯如此地，那些值得关注的里程碑事件之间的间隔（时间）似乎在不断地被拉长，而当下通常显得空洞并难以让人满足。主观上，之所以随着我们年龄的增长，感觉时间在加速，是因为我们的参考坐标系也在不断地变长。

所以，如果想要让内在的关乎生命的时光流逝变得慢下来，那么有两种方法。一是尽可能多地在你的生命里引入足够多新奇的并且是“里程碑”式的经历。很多人醉心于此，他们总是在不停地寻找下一段伟大的经历来让自己的生命更有价值，不管是一段异国他乡的旅行、一次极限运动，还是下一顿精美的晚餐。

二是通过加倍留意来让生活中的那些普通时刻变得非同寻常。这同样会减少意识中的混乱度并增加有序性。那些微乎其微的时刻就会变成名副其实的里程碑。如果你真的在当下，并带着对当下展开的觉知沉浸于属于你的这一刻，那么不管正在发生什么，你会发现每一刻都是独一无二并新鲜奇妙的，由此，它们是伟大的。你的体验会告诉你，时间慢了下来，你甚至会发现当自己向着永恒的此刻开放时，你完全走出了时间流逝那个主观体验。因为在余生中有无限个这样的当下存在，所以无论现在年岁几何，越多地沉浸于当下，你的生命会越生动。当你更多地沉浸于属于自己的当下时，那些当下就越丰富，于是它们的间隔时间就越短，从关于时间流逝的经验来看，时间走得慢了，生命便延长了。

有趣的是，现在还有另一种方式让时间的流逝慢下来。这种情况下的感觉非常不好，通常是当我们陷入抑郁、情绪失控和不开心的时候。在度假时，如果事情不尽如人意，那么一星期，甚至是一天也会让人感觉看不到头，因为我们不想待在这里。事情并未按原计划进行。我们的期望落空了，我们似乎在无休止地同事物的本来面目作斗争，因为它们不是我们想要的样子。

随之而来的时间也变得沉重起来，而我们再也等不下去了——打道回府，或者换个外部环境，或者坐等雨停，不管是什么，绝对要做些什么事情来让自己感到充实、感到幸福。不管是不是在家里，当陷入沮丧以及相关的消极情绪状态时，我们挣扎着要做点什么，但所做的每件事仿佛都是空洞的，（对我们来说）都是一种拖累，每件事都是一种努力，时间本身也在不断地向下拖拽着我们，直至我们被拖入抑郁之中。让人觉得好像令人瞩目的、伟大的、正能量的事件永远都不会发生似的，我们再也不可能去达成或者经历那些发展性的里程碑事件。

在外部世界的领域里，库兹韦尔指出，我们的科技是根据加速回归法则（摩尔定律是一个恰当的例子）按指数级别来进化和演变的，因此，科技上的里程碑事件会越来越频繁地发生。由于我们当今的生活和社会与机器是如此密不可分，这种变化节奏本身的加速同时使得我们生活的节奏越来越快，这就是为什么事情不仅看起来发展得越来越快，而且事实上也是如此。

我们正不得不去适应前所未有的快节奏工作，要根据前所未有的需求去迅速处理大量的信息，对此进行有效的沟通，来让那些重要的或者至少是急迫的事情得到处理。就连我们的娱乐选择也在以前所未有的速度增加，大量的各种不同的选择会即刻提供给我们，方便我们去寻找能让我们得到放松、消遣和满足的时刻。而随着时间流逝，这只会变得越来越快。

很多数字工程师（库兹韦尔也是其中之一）相信，那些被程序植入的机器正变得越来越“智能”，从学习能力以及根据输入（经验）来调整输出的意义上来说，相较于人类而言，机器本身更适合来设计下一代的机器。这在很多工业领域已经发生了。此外，伴随着可能的硅晶体植入（就像内存升级），仿真思考甚至有触感的机器人、纳米技术和遗传工程等的发展，一些有预见性的数字工程师警告说，演化已经超越了人类，现在还包括机器的演化。这样一来，我们所知道和使用“人类”这个词的人类时代可能即将结束，而且结束的速度比我们任何一个人意识到或能

够理解的都要快。[一]

即便这成为现实的可能性微乎其微，我们也要趁还有机会时，充分地探索和发现我们人类的全部人性和演化传承，包括提出这样的问题：作为一个社会如何能够自觉地管理这种技术的演化，以确保那些遗传了几十亿年的物质不被消灭，确保有 10 万年历史的现代人以及被称为和认为有重要价值的，有着近 5000 年历史的“文明”不会消失?

作为人类这一物种，我们非常早熟，尤其在开发和使用工具、语言、艺术形式、思想、科学和技术等方面。但是就全球范围来说，在其他舞台上，我们还没有表现出应有的能力，比如我们对自己本身的了解程度，比如智慧、慈悲等这几个对我们极其重要的方面。对于我们非凡的大脑和身体而言，这些遗传的维度是先天的。但很不幸的是，到目前为止，它们尚未被充分开发。除非我们能找到对我们自己心智的这些层面加以培育的方法，找到那些可以由内而外使时间慢下来的方法，并且利用好属于我们的时刻，发挥我们清晰的洞察力和智慧的优势，否则在未来的几十年里，我们可能很难适应我们作为一个物种所面临的问题。

[一] See for example，Tegmark，M. *Life 3.0*：*Being Human in the Age of Artificial Intelligence*（New York，Knopf，2017）.

回到关于时间流逝的体验，正念提醒我们停留在当下，沉浸在当下，通过我们所有的感官来感知当下，通过觉知去了解当下，这不仅是可能的，甚至是有价值的。通过这种提醒，正念可以帮助我们恢复属于自己的时刻。可以说，这种觉知体验超出了时间的维度，存在于永恒的现在，当下。如此，当下在静默的觉醒中流逝，接下来没有什么事情必须发生，除了活着、足够清醒地欣赏当下的生活，没有任何目的。这份静默的时光为我们提供了一种至关重要的平衡度和清晰度，这份平衡和清晰几乎总是被杂念以及我们内在或外在的嗜好破坏。如此，正念可以让我们对时光流逝的感知慢下来甚至停下来。正念同样可以给我们提供一种新方法，来抱持和深入地凝望外部世界正在发生的事情以及我们对它的反应，包括我们对在科学技术、社会、政治领域里所展开的一切的易感性和执迷。在内在世界里，正念让我们有机会超越情绪反应和给我们带来悲痛、绝望和孤独的模式。正念也为我们提供了一个崭新的机会，让我们和时间神秘的虚无和充实共处，和时光流逝共舞。

“实际上，当生命太长的时候，人们往往会说生命是短暂的。咖啡馆和商店这些地方即是证明。这些地方的存在仅仅是为了让人们来消磨多余的时间。”

所以为什么宋飞（Jerry Seinfeld）先生要去不断地尝试做一个脱口秀演员？为什么他不是带着亿万财富去圣巴特岛（St. Bart）享受几年呢？

“我的确思考过这个问题很多回，我想，理由是我确实热爱这个，热爱脱口秀。它有趣并且可以动用你作为一个人所拥有的一切。并且它就发生在这里，发生在当下。你在多大程度上达成的任何事，就在那个瞬间，即刻地反馈给了你。”

——杰瑞·宋飞

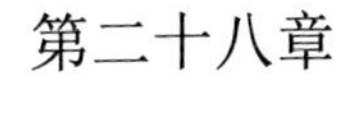

第二十八章

觉知没有中心和边缘

对我们来说，当沉浸于觉知中时，能意识到觉知既没有中心也没有边缘是一件既困难又容易的事情。那么，觉知就像空间本身，像我们所知的浩瀚无边的宇宙一般。

然而，尽管有伽利略，哥白尼的日心说，尽管有哈勃关于宇宙是从每一处向各个方向无限扩展的惊人发现，人们仍然会以我们小小的星球是宇宙中心的模式去思考、感受和议论。我们常说太阳从东方升起，西方落下，这种习惯性的说法可以帮助我们度过每一天，即便我们知道这种说法并非事实，实际上是由于地球的自转，我们才得以见证日出日落。尽管有时事实并非如其表面所示，我们还是热衷于追求事物的表象。人类的自我优势点是通过身体的感官自然而然地发展起来的，因此，盖亚中心论和自我中心论的产生是情有可原的。这就是我们所谓传统的主客体世界观。它不一定完全正确，但是总的来说，它运用得很好。这种去制造一个中心并把自己置于其中的那份冲动在无形中影响了我们的所见所闻，因而毫无疑问它也会影响我们的觉知，直到我们放弃那些自欺欺人的传统观点并去感知事物的本真。

我们的观点不可避免地来自看问题的立场。由于我们的经验都是以身体为中心的，因此，所有被捕获到的事物似乎都和它们的位置有关，同时这些事物又是通过我们的感官被了解的。有能见者就会有所见；有能闻者就会有所闻；有能品者就会有所品。换句话说，有能察者就会有所察。二者之间似乎天生是分离的，这一点是不证自明的，以至于除了哲学家，几乎没人去质疑和研究。当我们开始练习正念的时候，那种恒定的分离感，即在观察者和正被观察的事物之间的分离感，会继续存在。我们感觉自己在观察自己的呼吸，仿佛呼吸和那个在观察呼吸的人是分开的一般。我们观察自己的想法；我们观察自己的感受；就好像有一个真的实体在这里，一个正在执行指令，在观察，感受结果的“我”。我们可能连做梦都想不到会存在没有观察者的观察，直到我们自然地、不受任何外力影响地沉浸于观察、参与、捕获和了知中。换句话说，就是直到我们沉浸在觉知中。如此这般，哪怕在一个最短暂的瞬间，我们也能体会到主客体分离的消失。有知而无须知者；有见而无须见者；有思而无须思者。更多的是客观事物在觉知中缓缓地展开。观察的平台是以平台本身为中心的，因此，当我们真正沉浸在觉知中，沉浸在了知本身中时，自我中心论以一种最基本的方式消融了。这单纯是觉知的一个特质，是心灵的一个特质，就像是太空的特质一样。这并不意味着我们从此不再是人，只是我们作为人的外延被显著地放大了，我们不再局限于那种传统的区分“这里的我”和“那里的外部世界”的想法，不再局限于万事以我为中心，把我当作中介，把我当作观察者，甚至把我当作冥想者。

当我们敢于超越传统的五官感知进入世界，或者进入觉知本身的“空间”和“心灵空间”，或者进入我们可以称为“纯粹”的觉知时，一个宏大的、非自我导向的景象浮现了出来。这种景象是我们曾经在某种程度上品味过的。无论多么短暂，即使我们从未正式地参与过冥想，我们依然经历过。当我们将自己全身心地投入时，我们能够安住于一个无主体、无客体、无二元觉知（在此处，“我们”将不再“安住”于任何东西）中的程度会不断增加。当条件成熟时，它也会在某个时刻突然出现在我们面前，而巨大的痛苦或者巨大的欢乐（通常很少见）是这个条件的催化剂。那个以我为中心的意识消失了，再也不存在觉知的中心和边缘，有的只是了知、看见、情感、感觉、想法、情绪。

当我们能够暂时搁置自己的观点，从另一个人的角度出发，并和他一起感受的时候，我们都曾经历过觉知的无边无际。我们称之为情感的共鸣。在任何时候，如果我们都太自我且仅仅注重自身的体验，那么，我们就根本不能这样去转变我们的视角，我们甚至不愿意想着去尝试一下。事实上，当我们专注于自我时，我们几乎没有觉知到我们每天沉浸在现实生活中的整个领域，但我们却持续地被这些领域冲击和影响着。我们的情绪，尤其是那些“侵袭我们”的强烈的痛苦情绪，比如愤怒、恐惧、悲痛，它们都可以轻易地让我们对那些发生在我们与他人之间以及发生在我们内在的事情的全貌视而不见。

这种无觉知会导致一些必然的后果。这就是为什么当某一段关系中有些东西分崩离析的时候，我们有时会感到无比震惊；对自我中心的长期无视，会妨碍我们看见和了知那些一直以来发生在我们眼皮底下的事情。

鉴于觉知乍看似乎是一种主观体验，因此我们很难不认为自己是主体、思考者、感觉者、见者、行动者，从而认为自己是宇宙的中心，是觉知领域的中心。如此认知使我们理所当然地把宇宙，至少属于我们的宇宙中的一切当成是私有的。

觉知使我们觉得它会以身体内的某一点为中心，向各个方向去延伸、扩展。因此，它就像是“我的”觉知。但是这是我们的感官和我们开的一个玩笑，就像你之所以觉得宇宙的万事万物都和我们所处的地方有关联，那是因为我们正巧是从所处的地方看出去的。在某种程度上，或许觉知的确是以我们为中心的，因为我们是局部的信息接收中心。然而，从根本上来说，它不是这样的。觉知是既没有中心也没有边缘的，就像浩瀚无垠的太空。

在把经验分成主观的和客观的之前，觉知同样是不具概念的。它是空的，所以可以装下所有的东西，包括思想。它无边无际。而最令人赞叹的是，它是“了知”。

有人把这种了知的基本品质称为“心灵本质”。认知神经学家把它称为感觉。正如我们所见，没有人真正理解它。在某些方面，我们知道它依赖于神经元，依赖于大脑的构造和无数神经元之间的联结。因为如果大脑受到某些伤害，我们就可能会失去它，同时还因为动物似乎也有这类品质，只是程度不同。另外，我们可能只是在描述作为一个接收者必须有的品质，让我们能够进入从一开始就存在的领域，因为我们的意识本身意味着从一开始就有这种可能性，不管“开始”意味着什么。

换句话说，“了知”总是可能的，不然，我们也不会在这里学到那些东西。这就是所谓人类的法则，由一帮宇宙学家在探讨宇宙的起源和多个宇宙共存的可能性时提出来的。谦虚地说，我们可以认为我们至少是宇宙发展出来用于认识它自己的一个途径，不管可能达到什么样的程度，尽管其中并没有什么意志，也没有什么巨大的对演化或意识的需求。

我们带着这份传承，去探究对自身认知的局限是很有意义的，这种探究不是作为和自然分离的人，而是无缝嵌入自然的表达。还有什么比在觉知和感知之壤上探险更为刺激的呢？正如科学家史蒂芬·平克在他的著作《心智探奇》（*How the Mind Works*）中所言："我们的觉知是最不能否认的事物（尽管觉知不是事物）。"觉知可能永远超出我们的概念理解范围，但这一点也不应该阻碍我们。

因为我们有办法超越概念化并超越概念形成前的认知。当觉知体验到它本身的时候，可能性的新维度打开了。

通过有意图地培育正念，通过学习非概念地和非评判地集中注意力，我们可以显著地增加沉浸于觉知本身的可能性，就好像它很重要那般——因为它确实如此。

第二十九章

空性

我是无名之辈！你是谁？

你也是无名之辈？

那咱俩就成了一对！

别出声！

他们会到处张扬——你知道！

多无聊——身为赫赫显要！

多招摇——不过像只青蛙！

在悠长的6月，

对着一片仰慕的沼泽，

整日炫耀自己的名号！

——艾米莉·狄金森（Emily Dickinson）

一位拉比在圣日礼拜的时候意识到他可以和宇宙以及上帝连通并融为一体。被这种突如其来的狂喜驱使着，他大声高颂："主啊，我是您的仆人，您是这世上的一切，我什么都不是。"唱诗班的领唱从心底里深深地被打动了，也大声回应道："主啊，我什么都不是。"接着，教堂的看门人也被深深地打动了，也大声高颂："主啊，我什么都不是。"拉比微微地把身子探向领唱，轻轻地嘟囔着："瞧，谁都在那里认为自己什么都不是。"

所以，我们永恒的追求是试图将自己定义为名人而非无名之辈。也许，我们在内心最深处确实怀疑自己是无名之辈，无论我们取得了多大的成就，都建立在流沙之上，没有坚实的根基，或者也许就根本没有过根基。罗伯特 • 富勒（Robert Fuller）在《大人物与小卒子》（*Somebodies and Nobodies*）一书中有过精辟的分析，他把我们自身以及人与人之间的这种张力视为暴力、种族主义、性别歧视、法西斯主义、反犹太主义和老龄歧视等社会以及政治病症背后的基本动力。那该如何解决呢？他称之为"尊严主义"，他认为任何人都具有最基本的被平等对待的尊严，而人的这种基本尊严是超越他的地位和成就的。他中肯地指出，就像贾雷德 • 戴德蒙（Jared Diamond）在《枪炮、病菌与钢铁》（*Guns*，*Germs*，*and Steel*）中描述的，比起其他因素，这种地位和成就很大程度上主要受意外、机会和地缘的影响。哈佛大学艾滋病公共健康研究员约翰森·曼恩（Jonathan Mann）因瑞士航空111航班的空难不幸丧生于新斯科舍省的海岸附近，在世时他不懈地倡导尊严在我们世界各个层面助益和维持健康中的作用。他写道:“对个体和群体尊严的伤害会表现为一种迄今为止尚未可知的致病因素，而这种致病因素就像病毒和细菌一样，会对我们的身体、精神和社会行为产生巨大的伤害。”多么有力的言辞!

我们人类确实在各个方面都是天才，我们最渴望也最希望受保护的就是我们基本的尊严。富勒写道:“原来，人们最想要的并不是去支配他人，而是被他人认可。”这是一个有趣的想法。然而，鉴于技术先进文化对技术落后文化无休止的统治史，戴德蒙毫无疑问不会同意这一观点。

在我们所有渴望被认同的需求中，被看见、被认识和被接受，此三者被视为我们的基本人权。我们是非常容易被自身局限和自我中心的思维模式控制的，或许是尤其当这种模式被称作所谓“精神”思维（spiritual thinking）的时候。在这个过程中，我们实际上可以欺骗和背叛我们最了解的东西、我们的本质以及我们最关心的东西。因为当一切尘埃落定时，想法仍然仅仅是想法而已，无论它是什么样的想法。

我们到底认为自己是谁？“瞧，谁都认为自己什么也不是！”我们到底认为自己是什么？我们通常会避开这些问题。尽管这些问题至关重要，我们也会避免用自己的聪明才智去探询这类问题。我们宁可去虚构一些故事，强调自己某个不朽的方面，即便我们称自己为“无名之辈”或者“无名小卒”，我们依然会执着于此并对此感到悲哀，即便我们知道事实并非如此，也不愿意去研究我们本性的奥秘，而这些奥秘超越了我们的姓名、外貌、角色、成就和特权，超越了被我们认可和不认可的事物以及我们根深蒂固的心理建构。我们喜欢编造自己的故事，但经过证实，这些故事只是部分是真的，仅仅在一定程度上是真的，这让我们难以心平气和，因为总有一种挥之不去的意识——我们并非自己所认为的那样。

恐惧也许源于我们想象中孱弱的自己，而事实上我们要比想象的强壮很多。

不管我们是谁，如果我们认为自己是名流显贵，错了；如果我们认为自己是无名小卒，同样错了。就像崇山禅师所指出的：“如果你说自己是名流显贵，那么你依附于名利，因此，我要打你三十下；如果你说自己是无名小卒，那么你依附于空性，因此，我要打你三十下。你该怎么办？”

在此，也许这个想法它本身就是问题所在。

我的朋友夏洛特·约科·贝克（Charlotte Joko Beck），

她是位受人爱戴的“平常心禅”美国教师，2011 年，94 岁的她离开了人世。打开她的著作《生活在禅中》（*Nothing Special*），你会强烈地感受到个人的生命在巨大的生命洪流中的那种短暂和转瞬即逝的特征。

我们都像是生命之河中的旋涡。河川溪涧，奔流往前，可能碰到很多石块和枝丫，或者河床高低不平，在各处自然地形成一个个的旋涡。流入一个旋涡的水很快又会流出，与河川汇合，也许会再遇到别的旋涡，但河水还是向前流淌不息。在那短暂一刻，旋涡似乎与河水分离，旋涡里的水依然不离河流，旋涡只有暂时的稳定……然而我们总是想不到自己这个小旋涡也是整条溪流的一部分，总希望看到自己稳定且永恒。我们投入所有的精力，致力于保护假设的分离。为了保护这份分离，设立起人为的固定疆界。结果，那些流入我们旋涡而流不出去的东西成为堆积的多余包袱。于是这些东西就开始阻塞旋涡，让整个流程都变得一团糟……当我们拼命地想要维持自己这个小旋涡的时候，邻近旋涡的水量就会减少……

允许我们自己认识到生命的过程是多么客观这一点，具有深远的意义。我们也该认识到，出于恐惧和思考，我们是多么轻易地以一种绝对化的方式把生命的过程具体到了个人，然后受困于我们自己所创建的约束的边界中，就只是这样罢了。我们所处的文化擅用名词。我们把一种事物转变为另一种事物，并用同样的方式对待较为抽象的东西，如旋涡和觉知，以及“我们是谁”，从此就不知不觉地执着于名相。首先，我们需要看到自己与个人指代词之间的关系，否则就会自然而然地把事情个人化，虽然它们绝非如此，我们也会自然而然地在这个过程中错过或误解事实。

让我们回到“不执着”这一章，佛陀曾有一句名言，说他所有的教诲都可以浓缩为一句话：“一切与‘我’相关的事物都是虚幻的。”这立刻带来了有关认同和自我认同，以及我们喜欢具体化的习惯问题，那就是具体到把人称代词带入那个绝对的、未经检验的“自我”，然后在那个“我的故事”中生活一辈子，却不去检验故事是否准确和完整。在佛学里，这种物化被看作所有苦、妄想和痛苦情绪的根源，是我们错误地认同了在人称代词上堆砌而成的故事线，丢失了人的整体性。这种认同经常发生，而且我们并没有意识到它发生，也不会去质疑它的准确性。然而，我们可以去学着看透它，看到它背后所隐藏的更深刻的真理，一份随时等候被取用的更大智慧。

这种固化持久的认同与自我认同的虚幻性可以适用于各种过程，从政治到商务，再到我们自身的生物性。举个商务方面的例子。商务人士经常说：“过程比产品更为重要”“我们只要关心过程，那么产品会水到渠成”。我想，他们的意思是，好的产品会从过程中自动出现，只要这个过程在各个层面保持必要的水准，这当然也包括过程的目的。

人们也会用另一种方式来阐述，比如，你要永远记得你是做哪一行的。举一个非常典型的商业学校的例子：你是做航空公司的吗？或者说你是负责把人们安全地、开心地送到他们想去的地方的吗？前者可能更局限于飞机、计划、安全等，而在许多问题上最终总会有相应的托词来解释我们为什么无法做得更好一些，为什么我们的服务质量，包括航班的取消和延误、餐食和给客人的信息反馈经常是非常差劲的。而后者可能会微妙地或不那么微妙地改变人们如何看待影响客户满意度的事物，并调动创新的方法，采取必要的措施（例如，飞机、售票柜台、行李处置、飞行计划、全体雇员等），通过提高效率、竞争力和营利能力来实现上述使命。在任何情况下，过程和产品、结果、动力有着密切的联系是一个不争的事实。但是，在根本上，就如大家说的，是人在做生意。同时，不管是营利机构还是非营利机构，你总是要有一个商业计划，而这个商业计划必须是切实可行的。对任何生意来说，商业计划究竟是什么，这本身就是一个故事。

同样地，“生意”是什么是很难弄清楚的。在某种程度上，它不是雇主、雇员、供应商、客户、产品。它是一个各方连续不断变化着的互动和互联的过程。你不会在“生意”本身的各个部分中发现它。你也许会说，它是空洞的，没有任何实质内容。然而在运作时，它是实实在在的。一般而言，它的核心是没有自我存在的一个过程，可以有事发生，可以提高人们的生活水平，可以在证券交易所进行交易。但是，如果对生意的各个方面（包括其内在的空性）都保持觉知并做适当的考量，那么它可能会变成一个更健康的过程。

以生物学为例，生命本身也是一个过程，比航空公司或任何其他生意要复杂得多。就拿你自己的身体来说。30万亿左右的“员工”，你的身体细胞（还不包括60万亿左右居于我们身体内构成微生物菌群的细菌）持续不断地在过程中运行着，细胞们各司其职，这样骨细胞就不会认为自己是肝细胞，心脏细胞就不会认为自己是神经细胞或肾脏细胞，尽管它们都同样重要，蓝图和工作指导手册藏匿在染色体库中的某个“堆栈”里，指导它们做所有这些其他的“工作”。然而，有趣的是，如果你停下来思考几分钟，你会发现，严格地说，这些在你身体里的上万亿的“居民”居然没有一个是在为“你”工作。它们都是非个人的。你的细胞只是在按照遗传密码以及细胞生命史延续规定的那样，做好它们该做的。

我们所认为的独特人格就是这个过程的神秘产物，正如任何一家企业都是其自身的能量、过程和产出的产物。我们的身体及其健康状况、感觉、情绪都密切地仰赖于生物化学过程：离子通道，轴突的输送，蛋白质的合成和降解，酶的催化和代谢，DNA的复制和修复，细胞的分裂和基因表达的调节，免疫巨噬细胞和淋巴细胞的监测，基因编程和高度调控的细胞死亡（技术上称为细胞凋亡），抗体产生以中和并消除那些可能有害的，机体从未见过的化合物和结构。细胞和机体这个“社会”的无缝整合是一个复杂的过程，即使到现在，我们也知之甚少。

即便我们有了成熟和辉煌的科学，当你深入研究这个过程时，某种程度上它也是空性的，没有任何固定持久的自我。不管多努力地去寻找，那里面也没有可以识别的“我们”和“某人”。我们不在我们的核糖体或线粒体中，不在我们的骨骼或皮肤中，也不在我们的大脑中，尽管我们作为存在的人的经验、生活经验、与世界互动的经验都有赖于最低水平的功能和连贯性，这种水平是我们难以想象的。

我们也不是我们的眼睛。关于视觉的知识很多，但尽管光线进入眼睛，但我们依然无法知道自己生活的这个世界是如何产生的。我们知道在一个晴朗的日子里，天空是蓝色的。然而，无论是在特定波长的光中，还是在视网膜、视神经或作为大脑视觉中心的枕叶皮质中都没有发现“蓝色”。但是我们却可以立即体验到蔚蓝的天空。那么我们对于“蓝色”的经验是从何而来的呢？它是如何产生的呢？

我们不知道。这是个谜，就像那些通过感官而浮现出来的所有其他现象，包括意识和作为独立存在的自我的感觉。感官为我们建立了一个世界并将我们置于其中。这个构造出来的世界通常具有高度的连贯性，它通过一种强烈的感知来告诉你，这里存在着感知者以及一切可以被感知的；这里也存在着思考者以及一切可以被思考的；这里还存在着感觉者以及一切可以被感觉的。但这都是非个人化的过程，如果把它比喻为一件产品，那么这件产品是无法在各个部件本身中被找到的。

当然，作为一个物种，我们是演化的解决方案之一，得以成功地在地球上生存。就像蜘蛛、蚯蚓和蟾蜍。比起仅仅依靠直觉，我们更善于借助智力去适应那些生活中的挑战，尽管这丝毫没有削弱直觉。我们有可供支配的对生拇指，还有直立行走的双足，这使得我们可以腾出双手抓取东西、制造工具和小用具。更重要的是，我们还拥有思想和意识，至少可以将我们固有的能力加以改进，并在迅速变化的环境下派上用场。

科学家称这些特征为层展现象（emergent phenomena）。

圣路易斯华盛顿大学一位出色的生物学家兼教师厄苏拉·古德纳夫（Ursula Goodenough）巧妙地称它们为“从无到有”。层展特征就是如此呈现的。它们表现出一定的形态和模式，而这种形态和模式源于一个复杂的过程。它们并非归因于过程的各个部分，而是归因于过程各部分之间的相互作用。它们位于所谓“混沌边缘”上，而且也无法被详尽地预测到。你有一个非常有序、可以预测的系统，没有复杂性，没有混乱，仿佛是一块石头或一具死了很久的尸体。如果动态系统中的混乱度过高，你就会出现紊乱、不安以及某些失调的症状，如房颤或惊恐发作。强大的连贯性或秩序缺失了。在这两种情况之间，我们会得到一些有趣的东西。

在混沌的边缘，一个有活力的动态的系统……唉，总是在混沌的边缘，变幻着，一会儿表现出一种微妙的平衡，一会儿这个过程又变得非常强有力，它是复杂的，不停歇地改变着自身顺序，以期保持稳定。想一下犀牛，一种濒临灭绝的生命形态。多么杰出的生命呈现，当所处环境没有超越它的认识的时候，它很好地适应着环境。它的存在，是非个人化生命过程的动态平衡和复杂性，它整体的神秘，它的形态和功能催生了超越形态和功能的某种东西，感知觉，犀牛般的思维，它按自己的方式生活在自身的连贯性中，完全嵌入并整合到了属于自己的自然犀牛世界中，却没有任何作为孤立的自我即生命之流中的“旋涡”而存在。这就是让生命如此有趣，甚至还可以说神圣的原因，也是为什么保护和尊崇它是如此重要。

层展现象并不局限于生命系统。国际象棋从本质上来说并不是棋子或走子，而是当两个高手按游戏的规则互相博弈时所呈现出来的东西。知道规则并不意味着你会下棋。只有当你真正地醉心投入，开动脑筋去了解那个领域，配上一套约定的规则，棋盘和棋子，具备相当的学习能力时，才会在下棋时品味到什么叫国际象棋。这些东西本身，没有任何一件是国际象棋。但国际象棋的呈现需要所有这些东西。棒球或者别的任何运动也都如此。因为你永远无法知晓，所以我们喜欢看那些东西一遍又一遍地呈现。这就是为什么游戏必须是用来玩的。

空性意味着没有内在的自我存在，换句话说，什么都没有，作为一个孤立的、绝对的、独立于其他所有事物的持久的实体而存在。什么都没有！一切都源于总在不停变化的特定原因和条件本身的复杂作用。

它是通过直接的非概念性的冥想修习，而非思考或哲学诞生的，它的诞生要早于量子物理学和复杂理论。

设想一下：那辆新车让你很兴奋，而这是一个旋涡，仅此而已。空。并很快就会进入垃圾堆。在这个过渡期间，你可以享用它，但是不要执着。我们的身体也如此。

其他人也如此。我们如此在意他人，我们把他人分成神灵或魔鬼，向自己讲述着他们各种各样或大或小的故事，关于胜利或悲剧；我们把他人分为名人和无名之辈，然而他们和我们的一切都会稍纵即逝，伴随着带给这个世界的所有烦恼或美好。昨天的大问题在今天什么都不是，今天的大问题在明天也将什么都不是，但这并不意味着它们不重要。实际上，它们可能比我们想象的更为重要。因此，我们必须非常小心，不要把它们变成简单的饲料，仅供思考来挥霍。如果我们意识到事物的空性，那么我们将同时意识到它们的分量、它们的丰富性、它们之间的相互联结，而那可能会引领我们带着更大的目标和诚信来行动。不仅在我们的个人生活中，也在世界舞台上，作为一个国家，在制定国家政策和行为中携有更大的智慧。

事实上，在任何时候、任何现象中认识到那持久存在的内在空性都是很有帮助的。它可以使我们在个人和集体层面摆脱对狭隘的自我利益和欲望的执着，并最终摆脱所有的执着。它也可以帮我们摆脱因对所发生的内外事件的一知半解而造成的狭隘而自私的行为。那并不是在暗示任何一种不道德的被动或沉默，而是提倡一种睿智而富有同情心的觉知，在脑海中牢记那份内在的、非实有的自我的空性，并且不惧怕全心全意地采取行动，随即看看行动之后会发生什么。

空性和丰富性紧密相关。空性并不意味着无意义的虚空、虚无主义、消极、绝望或放弃人生价值。相反，空性是充实的，它意味着充实，允许充实，它是看不见的、无形的“空间”，独立的事件可以在其中呈现和展开。没有空性就没有丰富性。就这么简单。空性指向所有事物、过程和现象间的互相联系。空性允许建立真正的道德标准，其基础是对生命的崇敬和对万物相联的认知，它让我们认识到不管这个“你”是指个人还是国家，强迫自己适应狭隘短视的模式，获得所谓无法持续受益的自身优势是一种愚蠢的行为。

佛经中写道：

“无眼耳鼻舌身意，无色声香味触法，无眼界，乃至无意识界。”

看看我们的感官，这个让我们了解世界的门户，可以做些什么！

这提醒我们，我们感知到或感受到的东西都没有绝对独立的存在。它们都是因缘编织而成的。我们需要一遍又一遍地重新思考，以打破或至少质疑认为“事物的外表即事实”的思维习惯。

无无明，亦无无明尽，乃至无老死，亦无老死尽。

这里，佛经提醒我们，我们所有的概念都没有内在的自我存在，包括我们对自己的看法，也提出了提高并超越任何事物的可能性。它指向的是非二元性，超越所有思想，超越所有局限的概念，包括所有佛教的教义。

非二元的实践是空性给予我们的礼物。而我们已经拥有了它。我们所需要的就是成为它。当我们认识到自己已然达成，那么相就是相，空性就是空性。我们的大脑不再陷于任何事物。它不再以自我为中心。它是自由的。

我对内心的欲望之物说：
你要渡的河流是什么？
河道上不见旅行者，也没有路。
你看见岸边有人在行走、在休息吗？
根本就没有河流，没有船，没有船夫。
没有纤绳，也没有纤夫。
没有大地，没有天空，没有时间，没有河岸，没有浅滩！

没有身，没有心！
你相信会有让灵魂少点饥渴的地方吗？
在伟大的缺失中，你发现什么也没有。

坚强吧，进入自己的身体，

这里有你坚实的落脚处，

仔细想一想！

不要去往别处！

卡比尔说：抛弃对所有虚幻事物的想法，坚定地做自己。

——卡比尔

致谢

说起来，包括本书在内的四本书的英文版已经出版了一段时间。承蒙众人厚爱，不少朋友在这本书的写作、出版等不同环节做出贡献，我希望能在此表达我对他们最由衷的感谢。

首先我要感谢我的师兄，剑桥内观冥想中心的 Larry Rosenberg，还有 Larry Horwitz，以及我的岳父 Howard Zinn。他们花一天时间读了我的手稿并非常热忱地提出了极具创造力的见地。当然我还要感谢 Doug Tanner、Will Kabat-Zinn 和 Myla Kabat-Zinn 等人，他们从读者的角度为我的手稿提出了许多睿智的建议和反馈。还有这本书的版权发行方 Bob Miller 和最开始的编辑 Will Schwalbe，他们现在都在 Flatiron Books 工作，感谢他们的支持和友谊，无论是那时还是现在。

把最忠心而特别的感谢、感激献给我这四本书的编辑，Hachette Books 的执行主编 Michelle Howry，还有 Lauren Hummel 和她的 Hachette 团队，你们对整个系列的高效协作让我深感恩惠。和 Michelle 一起工作，让这趟旅程的每一步都充满了愉悦。你对书中每个细节的关注渗透在方方面面，万分感谢与你的合作，是你一如既往的专业度让这个项目能够持续处在正确的轨道上。

在完成这个系列的书的过程中，我得到了如此多的支持、鼓励和建议，当然，此书中任何不正确以及不足之处全都是我的原因。

我希望可以向我的教学团队的同事们表达深深的感激和尊敬，他们过去及现在都在减压中心门诊和正念中心供职，还有最近作为 CFM 全球联盟机构网络的一部分的老师和研究者们，所有人都或多或少为创作这四本书投入了他们的精力及热情。不同时期（1979 ～ 2005 年）在减压门诊教授 MBSR 的老师有：Saki Santorelli，Melissa Blacker，Florence Meleo-Meyer，Elana Rosenbaum，Ferris Buck Urbanowski，Pamela Erdmann，Fernando de Torrijos，James Carmody，Danielle Levi Alvares，George Mumford，Diana Kamila，Peggy Roggenbuck-Gillespie，Debbie Beck，Zayda Vallejo，

Barbara Stone，Trudy Goodman，Meg Chang，Larry Rosenberg，Kasey Carmichael，Franz Moekel，已故的 Ulli Kesper-Grossman，Maddy Klein，Ann Soulet，Joseph Koppel，已故的 Karen Ryder，Anna Klegon，Larry Pelz，Adi Bemak，Paul Galvin 和 David Spound.

时间来到 2018 年，我非常感激、钦佩现在正念中心联盟的伙伴们：Florence Meleo-Meyers，Lynn Koerbel，Elana Rosenbaum，Carolyn West，Bob Stahl，Meg Chang，Zayda Vallejo，Brenda Fingold，Dianne Horgan，Judson Brewer，Margaret Fletcher，Patti Holland，Rebecca Eldridge，Ted Meissner，Anne Twohig，Ana Arrabe，Beth Mulligan，Bonita Jones，Carola Garcia，Gustavo Diex，Beatriz Rodriguez，Melissa Tefft，Janet Solyntjes，Rob Smith，Jacob Piet，Claude Maskens，Charlotte Borch-Jacobsen，Christiane Wolf，Kate Mitcheom，Bob Linscott，Laurence Magro，Jim Colosi，Julie Nason，Lone Overby Fjorback，Dawn MacDonald，Leslie Smith Frank，Ruth Folchman，Colleen Camenisch，Robin Boudette，Eowyn Ahlstrom，Erin Woo，Franco Cuccio，Geneviève Hamelet，Gwenola Herbette 和 Ruth Whitall。Florence Meleo-Meyer 和 Lynn Koerbel，她们是出色的领导者并在 CFM 滋养着全球的 MBSR 老师们。

还要感谢那些从一开始就在不同方面精准而严格地为MBSR诊所和正念医学中心、护理中心以及社会其他各种不同形式的诊所倾尽全力的人：Norma Rosiello，Kathy Brady，Brian Tucker，Anne Skillings，Tim Light，Jean Baril，Leslie Lynch，Carol Lewis，Leigh Emery，Rafaela Morales，Roberta Lewis，Jen Gigliotti，Sylvia Ciario，Betty Flodin，Diane Spinney，Carol Hester，Carol Mento，Olivia Hobletzell，已故的Narina Hendry，Marlene Samuelson，Janet Parks，Michael Bratt，Marc Cohen和Ellen Wingard；还有在当下这个时代，在Saki Santorelli 17年的领导下发展起来的稳固平台。我还要将感谢献给平台现在的领导者们：Judson Brewer，Dianne Horgan，Florence Meleo-Meyer，Lynn Koerbel，Jean Baril，Jacqueline Clark，Tony Maciag，Ted Meissner，Jessica Novia，Maureen Titus，Beverly Walton，Ashley Gladden，Lynne Littizzio，Nicole Rocijewicz，Jean Welker。还要向Judson Brewer深深鞠躬，2017年他创设了马萨诸塞大学医学院正念部门——全球医学院中第一个正念部门，这是一个时代的标志，也是对未来之事的承诺。

这里我还要感谢2018年CFM的各位研究者们，是你们广泛的兴趣且富有深度的工作成就了这份贡献：Judson Brewer，Remko van Lutterveld，Prasanta Pal，Michael

Datko，Andrea Ruf，Susan Druker，Ariel Beccia，Alexandra Roy，Hanif Benoit，Danny Theisen 和 Carolyn Neal。

最后，我还要向全球各地数以千计的正念研究者们（或从事正念相关工作的人们）表达我的感激和尊敬，他们分别来自医药学、精神病学、心理学、健康护理学、教育学、法学、社会正义、面对创伤和部族冲突的难民的疗愈、分娩和养育、企业、政府、监狱及其他社会机构。你知道我说的是谁，不管你的名字有没有在这里被提到。如果没有你的名字，那只是因为我记性不够好和书的内容有限。另外，特别感谢 Paula Andrea、Ramirez Diazgranados 在哥伦比亚和苏丹的工作，童慧琦在中国和美国的工作，还有来自中国香港和台湾地区的方玮联、陈德中、温宗堃、马淑华、胡君梅、石世明；韩国的 Heyoung Ahn；日本的 Junko Bickel 和 Teruro Shiina；芬兰的 Leena Pennenen，南非的 Simon Whitesman 和 Linda Kantor；比利时的 Claude Maskens，Gwénola Herbette，Edel Max，Caroline Lesire 和 Ilios Kotsou；法国的 Jean-Gérard Bloch，Geneviève Hamelet，Marie-Ange Pratili 和 Charlotte Borch-Jacobsen；美国的 Katherine Bonus，Trish Magyari，Erica Sibinga，David Kearney，Kurt Hoelting，Carolyn McManus，Mike

Brumage，Maureen Strafford，Amy Gross，Rhonda Magee，George Mumford，Carl Fulwiler，Maria Kluge，Mick Krasner，Trish Luck，Bernice Todres，Ron Epstein；德国的Paul Grossman，Maria Kluge，Sylvia Wiesman-Fiscalini，Linda Hehrhaupt和Petra Meibert；荷兰的Joke Hellemans，Johan Tinge和Anna Speckens；瑞士的Beatrice Heller 和 Regula Saner；英国的Rebecca Crane，Willem Kuyken，John Teasdale，Mark Williams，Chris Cullen，Richard Burnett，Jamie Bristow，Trish Bartley，Stewart Mercer，Chris Ruane，Richard Layard，Guiaume Hung和Ahn Nguyen；加拿大的Zindel Segal和Norm Farb；匈牙利的Gabor Fasekas；阿根廷的Macchi dela Vega；瑞典的Johan Bergstad，Anita Olsson，Angeli Holmstedt，Ola Schenström和Camilla Sköld；挪威的Andries Kroese；丹麦的Jakob Piet 和Lone Overby Fjorback；意大利的Franco Cuccio。希望你们的工作会继续帮助到那些最需要正念的人，去触碰、澄清和滋养我们所有人所拥有的最深刻、最美好的那一部分，并为人类长久渴望的疗愈和转化做出或多或少的贡献。

相关阅读

正念冥想

Analayo, B. *Satipatthana: The Direct Path to Realization*, Windhorse, Cambridge, UK, 2008.

Beck, C. *Nothing Special: Living Zen*, HarperCollins, San Francisco, 1993.

Buswell, R. B., Jr. *Tracing Back the Radiance: Chinul's Korean Way of Zen*, Kuroda Institute, U of Hawaii Press, Honolulu, 1991.

Goldstein, J. *Mindfulness: A Practical Guide to Awakening*, Sounds True, Boulder, 2013.

Goldstein, J. *One Dharma: The Emerging Western Buddhism*, HarperCollins, San Francisco, 2002.

Hanh, T. N. *The Heart of the Buddha's Teachings*, Broadway, New York, 1998.

Hanh, T. N. *How to Love*, Parallax Press, Berkeley, 2015

Hanh, T. N. *How to Sit*, Parallax Press, Berkeley, 2014.

Hanh, T. N. *The Miracle of Mindfulness*, Beacon, Boston, 1976.

Kapleau, P. *The Three Pillars of Zen: Teaching, Practice, and Enlightenment*, Random House, New York, 1965, 2000.

Krishnamurti, J. *This Light in Oneself: True Meditation*, Shambhala, Boston, 1999.

Ricard, M. *Why Meditate?*, Hay House, New York, 2010.

Rosenberg, L. *Breath by Breath: The Liberating Practice of Insight Meditation*, Shambhala, Boston, 1998.

Rosenberg, L. *Living in the Light of Death: On the Art of Being Truly Alive*, Shambhala, Boston, 2000.

Rosenberg, L. *Three Steps to Awakening: A Practice for Bringing Mindfulness to Life*, Shambhala, Boston, 2013.

Salzberg, S. *Lovingkindness*, Shambhala, Boston, 1995.

Salzberg, S. *Real Love: The Art of Mindful Connection*, Flatiron Books, New York, 2017.

Sheng-Yen, C. *Hoofprints of the Ox: Principles of the Chan Buddhist Path*, Oxford University Press, New York, 2001.

Suzuki, S. *Zen Mind, Beginner's Mind*, Weatherhill, New York, 1970.

Thera, N. *The Heart of Buddhist Meditation: The Buddha's Way of Mindfulness*, Red Wheel/Weiser, San Francisco, 1962, 2014.

Treleaven, D. *Trauma-Sensitive Mindfulness: Practices for Safe and Transformative Healing*, W.W. Norton, New York, 2018.

Tulku Urgyen. *Rainbow Painting*, Rangjung Yeshe: Boudhanath, Nepal, 1995.

MBSR

Brandsma, R. *The Mindfulness Teaching Guide: Essential Skills and Competencies for Teaching Mindfulness-Based Interventions*, New Harbinger, Oakland, CA, 2017.

Kabat-Zinn, J. *Full Catastrophe Living: Using the Wisdom of Your Body and Mind to Face Stress, Pain, and Illness*, revised and updated edition, Random House, New York, 2013.

Lehrhaupt, L. and Meibert, P. *Mindfulness-Based Stress Reduction: The MBSR Program for Enhancing Health and Vitality*, New World Library, Novato, CA, 2017.

Rosenbaum, E. *The Heart of Mindfulness-Based Stress Reduction: An MBSR Guide for Clinicians and Clients*, Pesi Publishing, Eau Claire, WI, 2017.

Santorelli, S. *Heal Thy Self: Lessons on Mindfulness in Medicine*, Bell Tower, New York, 1999.

Stahl, B. and Goldstein, E. *A Mindfulness-Based Stress Reduction Workbook*, New Harbinger, Oakland, CA, 2010.

Stahl, B., Meleo-Meyer, F., and Koerbel, L. *A Mindfulness-Based Stress Reduction Workbook for Anxiety*, New Harbinger, Oakland, CA, 2014.

正念的其他应用

Bardacke, N. *Mindful Birthing: Training the Mind, Body, and Heart for Childbirth and Beyond*, HarperCollins, New York, 2012.

Bartley, T. *Mindfulness: A Kindly Approach to Cancer*, Wiley-Blackwell, West Sussex, UK, 2016.

Bartley, T. *Mindfulness-Based Cognitive Therapy for Cancer*, Wiley-Blackwell, West Sussex, UK, 2012.

Bays, J. C. *Mindful Eating: A Guide to Rediscovering a Healthy and Joyful Relationship with Food*, Shambhala, Boston, 2009, 2017.

Bays, J. C. *Mindfulness on the Go: Simple Meditation Practices You Can Do Anywhere*, Shambhala, Boston, 2014.

Biegel, G. *The Stress-Reduction Workbook for Teens: Mindfulness Skills to Help You Deal with Stress*, New Harbinger, Oakland, CA, 2017.

Brewer, Judson. *The Craving Mind: From Cigarettes to Smartphones to Love—Why We Get Hooked and How We Can Break Bad Habits*, Yale, New Haven, 2017.

Brown, K. W., Creswell, J. D., and Ryan, R. M. (eds). *Handbook of Mindfulness: Theory, Research, and Practice*, Guilford, New York, 2015.

Carlson, L. and Speca, M. *Mindfulness-Based Cancer Recovery: A Step-by-Step MBSR Approach to Help You Cope with Treatment and Reclaim Your Life*, New Harbinger, Oakland, CA, 2010.

Cullen, M. and Pons, G. B. *The Mindfulness-Based Emotional Balance Workbook: An Eight-Week Program for Improved Emotion Regulation and Resilience*, New Harbinger, Oakland, CA, 2015.

Epstein, R. *Attending: Medicine, Mindfulness, and Humanity*, Scribner, New York, 2017.

Germer, C. *The Mindful Path to Self-Compassion*, Guilford, New York, 2009.

Goleman, G, and Davidson, R. J. *Altered Traits: Science Reveals How Meditation Changes Your Mind, Brain, and Body*, Avery/Random House, New York, 2017.

Gunaratana, B. H. *Mindfulness in Plain English*, Wisdom, Somerville, MA, 2002.

Jennings, P. *Mindfulness for Teachers: Simple Skills for Peace and Productivity in the Classroom*, W.W. Norton, New York, 2015.

Kaiser-Greenland, S. *The Mindful Child*, Free Press, New York, 2010.

McCown, D., Reibel, D., and Micozzi, M. S. (eds.). *Resources for Teaching Mindfulness: An International Handbook*, Springer, New York, 2016.

McCown, D., Reibel, D., and Micozzi, M. S. (eds.). *Teaching Mindfulness: A Practical Guide for Clinicians and Educators*, Springer, New York, 2010.

Penman, D. *The Art of Breathing*, Conari, Newburyport, MA, 2018.

Rechtschaffen, D. *The Mindful Education Workbook: Lessons for Teaching Mindfulness to Students*, W.W. Norton, New York, 2016.

Rechtschaffen, D. *The Way of Mindful Education: Cultivating Wellbeing in Teachers and Students*, W.W. Norton, New York, 2014.

Rosenbaum, E. *Being Well (Even When You Are Sick): Mindfulness Practices for People with Cancer and Other Serious Illnesses*, Shambala, Boston, 2012.

Rosenbaum, E. *Here for Now: Living Well with Cancer Through Mindfulness*, Satya House, Hardwick, MA, 2005.

Segal, Z. V., Williams, J. M. G., and Teasdale, J. D. *Mindfulness-Based Cognitive Therapy for Depression: A New Approach to Preventing Relapse*, second edition, Guilford, New York, 2013.

Teasdale, J. D., Williams, M., and Segal, Z. V. *The Mindful Way Workbook: An Eight-Week Program to Free Yourself from Depression and Emotional Distress*, Guilford, New York, 2014.

Williams, A. K., Owens, R., and Syedullah, J. *Radical Dharma: Talking Race, Love, and Liberation*, North Atlantic Books, Berkeley, 2016.

Williams, J. M. G., Teasdale, J. D., Segal, Z. V., and Kabat-Zinn, J. *The Mindful Way Through Depression: Freeing Yourself from Chronic Unhappiness*, Guilford, New York, 2007.

Williams, M. and Penman, D. *Mindfulness: An Eight-Week Plan for Finding Peace in a Frantic World*, Rhodale, 2012.

疗愈

Doidge, N. *The Brain's Way of Healing: Remarkable Discoveries and Recoveries from the Frontiers of Neuroplasticity*, Penguin Random House, New York, 2016.

Moyers, B. *Healing and the Mind*, Doubleday, New York, 1993.

Siegel, D. *The Mindful Brain: Reflection and Attunement in the Cultivation of Wellbeing*, W.W. Norton, New York, 2007.

Van der Kolk, B. *The Body Keeps the Score: Brain, Mind, and Body in the Healing of Trauma*, Penguin Random House, New York, 2014.

诗歌

Eliot, T. S. *Four Quartets*, Harcourt Brace, New York, 1943, 1977.

Lao-Tzu, *Tao Te Ching*, (Stephen Mitchell, transl.), HarperCollins, New York, 1988.

Mitchell, S. *The Enlightened Heart*, Harper & Row, New York, 1989.
Oliver, M. *New and Selected Poems*, Beacon, Boston, 1992.
Tanahashi, K. and Leavitt, P. *The Complete Cold Mountain: Poems of the Legendary Hermit, Hanshan*, Shambhala, Boulder, CO, 2018.
Whyte, D. *The Heart Aroused: Poetry and the Preservation of the Soul in Corporate America*, Doubleday, New York, 1994.

其他阅读推荐

Abram, D. *The Spell of the Sensuous*, Vintage, New York, 1996.
Blackburn, E. and Epel, E. *The Telomere Effect: A Revolutionary Approach to Living Younger, Healthier, Longer*, Grand Central Publishing, New York, 2017.
Davidson, R. J., and Begley, S. *The Emotional Life of Your Brain*, Hudson St. Press, New York, 2012.
Harris, Y. N. *Sapiens: A Brief History of Humankind*, HarperCollins, New York, 2015.
Katie, B. and Mitchell, S. *A Mind at Home with Itself*, HarperCollins, New York, 2017.
Luke, H. *Old Age: Journey into Simplicity*, Parabola, New York, 1987.
Montague, A. *Touching: The Human Significance of the Skin*, Harper & Row, New York, 1978.
Pinker, S. *The Better Angels of Our Nature: Why Violence Has Declined*, Penguin Random House, New York, 2012.
Pinker, S. *Enlightenment Now: The Case for Reason, Science, Humanism, and Progress*, Penguin Random House, New York, 2018.
Pinker, S. *How the Mind Works*, W.W. Norton, New York, 1997.
Ricard, M. *Altruism: The Power of Compassion to Change Yourself and the World*, Little Brown, New York, 2013.
Ryan, T. *A Mindful Nation: How a Simple Practice Can Help Us Reduce Stress, Improve Performance, and Recapture the American Spirit*, Hay House, New York, 2012.
Sachs, J. D. *The Price of Civilization: Reawakening American Virtue and Prosperity*, Random House, New York, 2011.
Sachs, O. *The Man Who Mistook His Wife for a Hat*, Touchstone, New York, 1970.
Sachs, O. *The River of Consciousness*, Knopf, New York, 2017.
Sapolsky, R. *Behave: The Biology of Humans at Our Best and Worst*, Penguin

Random House, New York, 2017.

Tegmark, M. *The Mathematical Universe: My Quest for the Ultimate Nature of Reality*, Random House, New York, 2014.

Turkle, S. *Alone Together: Why We Expect More from Technology and Less from Each Other*, Basic Books, New York, 2011.

Turkle, S. *Reclaiming Conversation: The Power of Talk in a Digital Age*, Penguin Random House, New York, 2015.

Varela, F. J., Thompson, E., and Rosch, E. *The Embodied Mind: Cognitive Science and Human Experience*, revised edition, MIT Press, Cambridge, MA, 2016.

Wright, R. *Why Buddhism Is True: The Science and Philosophy of Meditation and Enlightenment*, Simon & Schuster, New York, 2017.

正念冥想

《正念：此刻是一枝花》

作者：[美] 乔恩·卡巴金 译者：王俊兰

本书是乔恩·卡巴金博士在科学研究多年后，对一般大众介绍如何在日常生活中运用正念，作为自我疗愈的方法和原则，深入浅出，真挚感人。本书对所有想重拾生命瞬息的人士、欲解除生活高压紧张的读者，皆深具参考价值。

《多舛的生命：正念疗愈帮你抚平压力、疼痛和创伤（原书第2版）》

作者：[美] 乔恩·卡巴金 译者：童慧琦 高旭滨

本书是正念减压疗法创始人乔恩·卡巴金的经典著作。它详细阐述了八周正念减压课程的方方面面及其在健保、医学、心理学、神经科学等领域中的应用。正念既可以作为一种正式的心身练习，也可以作为一种觉醒的生活之道，让我们可以持续一生地学习、成长、疗愈和转化。

《穿越抑郁的正念之道》

作者：[美] 马克·威廉姆斯 等 译者：童慧琦 张娜

正念认知疗法，融合了东方禅修冥想传统和现代认知疗法的精髓，不但简单易行，适合自助，而且其改善抑郁情绪的有效性也获得了科学证明。它不但是一种有效应对负面事件和情绪的全新方法，也会改变你看待眼前世界的方式，彻底焕新你的精神状态和生活面貌。

《十分钟冥想》

作者：[英] 安迪·普迪科姆 译者：王俊兰 王彦又

比尔·盖茨的冥想入门书；《原则》作者瑞·达利欧推崇冥想；远读重洋孙思远、正念老师清流共同推荐；苹果、谷歌、英特尔均为员工提供冥想课程。

《五音静心：音乐正念帮你摆脱心理困扰》

作者：武麟

本书的音乐正念静心练习都是基于碎片化时间的练习，你可以随时随地进行。另外，本书特别附赠作者新近创作的“静心系列”专辑，以辅助读者进行静心练习。

更多>>> 《正念癌症康复》 作者：[美] 琳达·卡尔森 迈克尔·斯佩卡

静观自我关怀

静观自我关怀专业手册

作者：［美］克里斯托弗·杰默（Christopher Germer）克里斯汀·内夫（Kristin Neff）著

ISBN：978-7-111-69771-8

静观自我关怀（八周课）权威著作

静观自我关怀：勇敢爱自己的51项练习

作者：［美］克里斯汀·内夫（Kristin Neff）克里斯托弗·杰默（Christopher Germer）著

ISBN：978-7-111-66104-7

静观自我关怀系统入门练习，循序渐进，从此深深地爱上自己

积极人生

《大脑幸福密码：脑科学新知带给我们平静、自信、满足》

作者：[美] 里克·汉森 译者：杨宁 等

里克·汉森博士融合脑神经科学、积极心理学与进化生物学的跨界研究和实证表明：你所关注的东西便是你大脑的塑造者。如果你持续地让思维驻留于一些好的、积极的事件和体验，比如开心的感觉、身体上的愉悦、良好的品质等，那么久而久之，你的大脑就会被塑造成既坚定有力、复原力强，又积极乐观的大脑。

《理解人性》

作者：[奥] 阿尔弗雷德·阿德勒 译者：王俊兰

“自我启发之父”阿德勒逝世80周年焕新完整译本，名家导读。阿德勒给焦虑都市人的13堂人性课，不论你处在什么年龄，什么阶段，人性科学都是一门必修课，理解人性能使我们得到更好、更成熟的心理发展。

《盔甲骑士：为自己出征》

作者：[美] 罗伯特·费希尔 译者：温旻

从前有一位骑士，身披闪耀的盔甲，随时准备去铲除作恶多端的恶龙，拯救遇难的美丽少女……但久而久之，某天骑士蓦然惊觉生锈的盔甲已成为自我的累赘。从此，骑士开始了解脱盔甲，寻找自我的征程。

《成为更好的自己：许燕人格心理学30讲》

作者：许燕

北京师范大学心理学部许燕教授30年人格研究精华提炼，破译人格密码。心理学通识课，自我成长方法论。认识自我，了解自我，理解他人，塑造健康人格，展示人格力量，获得更佳成就。

《寻找内在的自我：马斯洛谈幸福》

作者：[美] 亚伯拉罕·马斯洛 等 译者：张登浩

豆瓣评分8.6，110个豆列推荐；人本主义心理学先驱马斯洛生前唯一未出版作品；重新认识幸福，支持儿童成长，促进亲密感，感受挚爱的存在。

更多>>>

《抗逆力养成指南：如何突破逆境，成为更强大的自己》 作者：[美] 阿尔·西伯特

《理解生活》 作者：[美] 阿尔弗雷德·阿德勒

《学会幸福：人生的10个基本问题》 作者：陈赛 主编

心理学大师经典作品

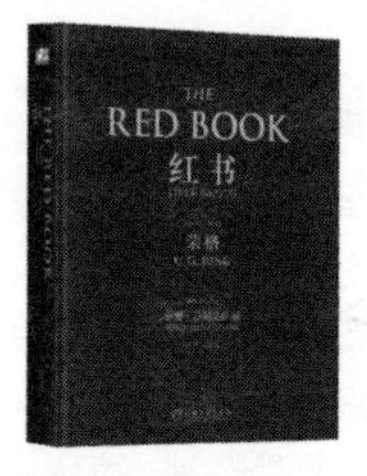

红书
原著：[瑞士] 荣格

寻找内在的自我：马斯洛谈幸福
作者：[美] 亚伯拉罕 · 马斯洛

抑郁症（原书第2版）
作者：[美] 阿伦 · 贝克

理性生活指南（原书第3版）
作者：[美] 阿尔伯特 · 埃利斯 罗伯特 · A. 哈珀

当尼采哭泣
作者：[美] 欧文 · D. 亚隆

多舛的生命：
正念疗愈帮你抚平压力、疼痛和创伤（原书第2版）
作者：[美]乔恩 · 卡巴金

身体从未忘记：
心理创伤疗愈中的大脑、心智和身体
作者：[美]巴塞尔 · 范德考克

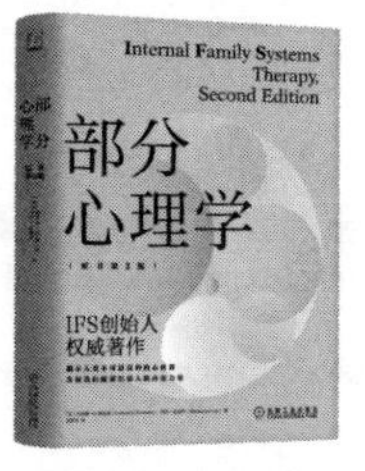

部分心理学（原书第2版）
作者：[美]理查德 · C.施瓦茨 玛莎 · 斯威齐

风格感觉：21世纪写作指南
作者：[美] 史蒂芬 · 平克

或许，当我们无事可做时，始能有所作为；

或许，当我们无路可行时，方知将去何方。

——温德尔·贝瑞

作者简介

乔恩·卡巴金（Jon Kabat-Zinn），享誉全球的正念大师、“正念减压疗法”创始人、科学家和作家。马萨诸塞大学医学院医学名誉教授，创立了正念减压（Mindfulness-Based Stress Reduction，简称 MBSR）课程、减压门诊以及医学、保健和社会正念中心。

卡巴金在诺贝尔奖得主萨尔瓦多·卢瑞亚的指导下，于1971年获得麻省理工学院分子生物学博士学位。他的研究生涯专注于身心相互作用的疗愈力量，以及正念冥想训练在慢性疼痛和压力相关疾病的患者身上的临床应用。卡巴金博士的工作促进了正念运动在全世界的发展，使正念得以融入主流社会和其他不同领域与机构，诸如医学、心理学、保健、职业体育、学校、企业、监狱等。现在世界各地的医院和医疗中心都有正念干预和正念减压课程的临床应用。

卡巴金博士因其在正念和身心健康方面的卓越成就，屡获殊荣：1998年，获得加利福尼亚旧金山太平洋医疗中心健康与康复研究所的“艺术、科学和心灵治疗奖”；2001年，因在整合医学领域的开创性工作获得加利福尼亚州拉霍亚斯克里普斯中心的“第二届年度开拓者奖”；2005年，获得行为与认知疗法协会的“杰出朋友奖”；2007年，获得布拉维慈善整合医学合作整合医学开拓者先锋奖；2008 年，获得意大利都灵大学认知科学中心的“思维与脑奖”；2010年，获得禅学促进协会的“西方社会采纳佛学先锋奖”。